머리말 PREFACE

저자는 미용이라는 이론과 기술을 2년 동안 배우고 현장에서 바로 활용할 수 있도록 하기 위한 보다 특성화된 교재의 필요성을 절실하게 느꼈다. 본 교재는 이러한 필요에 대응하기 위해 집필되었으며 구성 면에서 15주 수업에 충실할 수 있도록 네 가지 특징을 세웠다.

하나, 동 · 서양의 미용 역사적 이론을 통하여 미용의 흐름을 알 수 있도록 구성하였다.

둘, 미용을 처음 접하는 학생들이 업스타일링이란 조형성과 창작성을 요하는 작업에 있어 두려움이 생기지 않도록 기초부터 사진 작업으로 본문을 구성하였다.

셋, 실기 위주의 수업을 하는 미용과 학생들이 다양한 기법들의 기술을 익힐 수 있도록 베이직 이론과 두정부의 디자인, 스타일링의 변형 등을 통하여 업스타일에 확신을 가질수 있도록 구성하였다.

넷, 15주 수업을 중심으로 한 주에 하나의 스타일링을 완벽하게 마무리할 수 있도록 구성하였다.

본 교재를 통해 미용 전공 학습자가 보다 업스타일링과 친숙해질 수 있도록 기대하는 바이다.

끝으로 이 책을 출간하는데 도움을 주신 광문각출판사 박정태 사장님과 임직원 여러분께 깊은 감사를 표한다.

저자일동

Up Styling

목차 CONTENTS

CHAPTER
UP · STYLING

1 미용의 발달과 의의

1. 미용의 발달

1) 우리나라의 미용

전통적으로 우리나라는 청결하고 흰 피부를 선호하였으며, 단정하고 아름답게 가꾸는 치장의 개념으로 미용을 받아들였다. 신분에 따라 머리 형태와 화장법에 차이가 있었으며, 비녀와 장식품의 재질과 모양도 달랐다. 고대 · 고려 · 조선, 근대, 현대 순으로 우리나라 미용의 발달을 살펴보도록 한다.

- 화장(化粧) : 분 · 연지를 발라 얼굴을 곱게 꾸밈. 머리나 옷의 매무새를 매만져 맵시를 냄
- 분장(粉裝) : 몸을 매만져 꾸밈, 몸치장
  극에 맞춰 등장인물로 꾸밈, 차림새(얼굴, 몸, 옷 등을 꾸미어 차리는)
- 단장(丹粧) : 얼굴에 분 · 연지 등을 발라서 곱게 하고 머리나 옷차림 등을 맵시 나게 매만져 꾸밈
- 농장(濃粧) : 짙게 한 화장
- 담장(淡粧) : 옅게 한 화장

| 치장(治裝)
곱게 매만져서 보기 좋게 꾸미거나 곱게 모양을 냄

| 미장(美粧)
얼굴, 머리를 곱게 꾸밈

| 미장(美裝)
아름답게 단장함

(1) 고대 시대

① 고조선

가장 오래된 그 당시 유물을 통해 남자들이 상투를 튼 머리 형태를 했음을 알 수 있다.

② 삼한

남자들 중에서 수장급은 관모를 썼고 일반 남성은 상투를 틀었다. 진한과 변한에는 머리 모양을 변형시키는 편두라는 풍습이 있었다. 여자는 모발의 정수리에 틀어 얹거나 땋아서 뒷머리에 말아 고정하였다.

| 편두(編頭)

어린아이가 태어난 지 얼마 안 되었을 때부터 돌로 머리를 눌러 형태를 변형시켰다.

- 마한 : 남자(상투)
- 진한 : 눈썹을 그리고 이마를 넓히기 위한 두발 모양
- 변한 : 문신으로 신분과 계급 표시

③ 삼국 시대

남자들은 주로 상투를 틀었으며, 여자들의 머리 형태는 다양하였다. 고구려의 각저총 주실의 연인, 무용총 주실의 여인, 삼실총 제1실 남벽의 좌벽에 시종 여인, 용강 제1호분 주실 동벽의 여인, 집안현 제17호분 남인도(男人圖)의 고분 출토 유물과 벽화 등을 통해 볼 때 삼국의 머리 형태가 대부분 유사하였음을 알 수 있다.

⦿ 고구려

고구려 여인들은 머리를 크게 얹어 자신의 지위를 나타냈으며 머리 형태는 얹은머리, 쪽머리, 푼기명머리, 중발머리, 쌍상투머리, 채머리 등 다양하였다.

수발 형태

- 얹은머리 : 두발을 앞으로 감아올려 정수리에 고정한 형태
- 쪽머리 : 북계, 휘계, 낭자머리라고도 함
- 푼기명머리 : 두상의 두발을 셋으로 나누어 한 다발은 뒤로 묶고, 양옆의 두 다발 머리를 귀 옆으로 늘어뜨린 형태
- 중발머리 : 모 다발을 뒤로 모아 낮게 묶은 형태
- 쌍상투머리 : 정수리 부분에 두 개의 다발로 묶어 올린 형태
- 채머리 : 삼국 시대 여인들의 머리형으로서 묶지 않고 풀어서 늘어뜨린 피발 형태

| 가르마(part)
이마에서 정수리까지의 머리카락을 양쪽으로 갈랐을 때 생기는 금

| 가리마(장식용)
예전에 부녀자들이 예복을 갖추어 입을 때 큰머리 위에 덮어 쓰던 검은 헝겊

| 가마(whorl)
사람의 머리나 일부 짐승의 대가리에 털이 한 곳을 중심으로 빙 돌아 나서 소용돌이 모양으로 된 부분

⊙ 백제

《주서》에 집에 있는 자의 머리 형태는 후두부에서 둥글게 묶어 그 하나를 아래로 내려 장식하였고, 결혼한 자는 나누어 두 가닥을 내렸다고 기술되어 있다. 즉 기혼여성은 쌍상투머리와 쪽머리를 하였고, 미혼여성은 땋아 늘어뜨렸다(땋은 머리).

땋은 머리

- 관례를 올리지 않은 처녀, 총각의 전통 머리 모양
- 백제와 신라에서 미혼녀가 머리 다발을 땋아 늘였다는 기록이 있다.
- 이마 가운데에 가르마를 하여 양쪽 귀 위에서 귀밑머리를 땋아 귀로 모으고 세 가닥으로 나눈 뒤에 서로 땋아 엮어 하나로 늘어뜨린다.

⊙ 신라

《동경지》에 여자는 후두부에 머리 다발을 묶었는데 북계(北髻)라고 하는 것으로 두발 기름을 제조하여 두발을 손질하는데 사용하였으며 두발을 깨끗하게 감는 풍습이 있었다. 가체를 이용한 장발 기술이 뛰어났는데, 이는 신라의 명물이 되어 외국에도 수출하였다. 얼굴 화장으로 백분, 연지, 눈썹먹을

사용하였으며, 특히 화랑도를 중심으로 남자 화장이 유행하였고, 향수와 향료를 제조하였다.

가체(加髢)

가체 풍습은 통일신라 시대에 이미 존재하였으며 머리 모양에 따라 다리를 붙이거나 위에 얹어 사용하였다. 부녀자가 성장(盛裝)할 때 머리숱이 많아 보이게 덧넣는 다른 모발이다. 체(髢)는 월자(月子)라고도 하며, 다래 또는 다레라고도 하나 표준어는 다리이다.

(2) 고려 시대

모발 염색이 널리 퍼졌으며 술, 재, 옻 등의 원료를 사용하여 백모를 염색하였다. 남자들은 미혼일 때는 반묶은 머리를 하였고 기혼일 때 상투를 틀었으며, 한때 원나라의 영향으로 개체 변발을 하기도 하였다. 여자들은 미혼일 때 반묶은 머리, 기혼일 때 쪽찐머리와 얹은머리를 하였다. 비녀로 모발을 고정하였으며 화관과 족두리 등의 장식품을 사용하였다.

| 개체 변발

몽골족의 풍습으로 앞부분의 머리카락은 깎고 뒷부분만 길러서 땋아 늘어뜨린 남자들의 머리 형태

편발(編髮/辮髮)

남자 머리 모양의 하나. 고대 몽고지방의 여러 민족 사이에서 유행한 것으로 머리털 주위를 모두 깎고 한가운데만 남겨 땋아 뒤에 늘어뜨린 머리 모양

(3) 조선 시대

① 머리 형태

⊙ 쪽찐머리(낭자머리)

가장 역사가 오래된 형태로 삼국 시대부터 있었고 지금까지도 볼 수 있다. 결혼한 여자의 보편적인 머리 형태로써 조선 시대 부녀자들이 예장할 때 쓰는 땋은 머리의 하나이며, 남자

머리는 쪽찐머리 뒤에 비녀를 꽂았다. 댕기의 색이나 비녀의 모양으로 신분을 표현하였다. 영조 때에는 가체로 인한 사치가 심하여 쪽머리를 권장하였으며, 조선 후기에는 왕비도 평상시에 하였던 머리 형태이다. 영조 33년(1757)에 "지금부터 체계(髢髻)는 고체 후계(쪽찐머리)로 하되 궁중양식대로 부착하도록 하라."하여 이 머리 형태를 권장했다.

이마 가운데에서 가르마를 타고 양쪽으로 빗은 후 댕기로 묶고 전체를 땋아 쪽을 지고 비녀로 고정시켰다.

| 가계
(加笄, 冠禮, 笄禮)
조선 시대에 남녀가 성인(15세 때 계례를 올림)이 되면 상투를 틀거나 비녀를 꽂는 행위이다.

| 가계(加髻)
계(髻)는 쪽을 의미하여 머리 다발을 이용하여 결발(結髮) 양식이다. 가계도 조선 시대 부녀자 머리 형태의 하나로서 쪽찔 때 머리숱이 탐스럽고 풍성하게 보이게 하기 위해 다리(月子)를 덧넣어 땋았다.

낭자두(娘子頭)

땋은 머리채를 목덜미 쪽에 붙이는 것으로 다리를 얹는데 있어서 높고 크게 하는 것을 금지하고 있었으므로 조금 작게 만든 다리를 대신하여 뒤로 땋아 붙인 것이다. 쪽머리는 낭자두에 의한 위치의 변화로써 머리 형태의 변형을 주었다.

⊙ 얹은머리(트레머리)

모발을 뒷머리에서부터 땋아 앞 정수리에 둥글게 얹어 고정시키는 형태이다. 양반가의 여성들은 질 좋은 가체로 땋아 풍성하게 꾸며 얹었고, 평민들은 자기 모발만으로 작고 초라하게 얹었다. 얹은머리 풍습은 가체 금지령이 내려진 후 점차 사라지게 되었다.

⊙ 새앙머리(무수리 머리)

조선 시대 궁중 시녀 무수리 또는 여자아이들과 궁중 아기나인의 머리 형태이다. 두발을 하나로 묶은 다음 두 갈래로 나눠 땋아 밑에서부터 겹쳐 올려 가지런히 놓거나 두 줄의 긴 다리를 곱게 땋아 위아래로 4번 접어서 목덜미에 붙이고, 4장을 겹쳐서 만든 장방형의 다홍색 댕기 위 양쪽에 달린 끈의 중간에

| 아기나인
나인이 되기 위하여 4~7세 사이에 입궁한 여자 아이

댕기를 매는 형태이다.

새앙머리(사양머리)

풍속화가 김홍도의 〈평안감사 환영도〉에서 볼 수 있는 조선 시대 기녀(妓女)의 머리 형태로서 관기(官妓)의 얹은머리와 동기(童妓)의 사영머리는 대조되고 있다. 《정조실록》에는 각 궁방의 수양리(水暘里), 의녀(醫女), 침선비(針線婢) 등과 각 고을의 기녀들은 본발(本髮)로 두발을 머리 위에 얹은 뒤에 가르마를 써서 등위를 구별하도록 했다. 동기의 머리 모양은 좌우 귀밑에서 두 갈래로 땋아 쪽은 두 개이지만 비녀는 하나로 쪽을 고정시키고 있으며, 관청에서는 이것을 다시 틀어올려 아래위로 두 덩이가 되게 잡아매었다. 민간에서는 비녀는 꽂아서 새앙낭자라고 하였다.

⦿ 어여머리(어임머리)

어여미(於汝美), 어유미(於由味)의 취음으로 어여머리라 한다. 내례복을 착용할 때 하는 크게 땋아 올린 예장용 머리 형태로써 왕비와 공주, 옹주, 지체 높은 지밀상궁 및 당상관 이상 반가 부녀들만이 할 수 있었다. 쪽찐머리의 가리마 위에 어염족두리를 쓰고 어염족두리 위에 다리를 둥글게 두르며 중앙에는 봉잠을, 양편에는 떨잠을 꽂아 화려하게 마무리한 형태이다.

| 봉잠
봉황의 머리를 새긴 큼직한 비녀

또야머리

조선 시대 궁중에서 내·외명부가 예장(禮裝)할 때 어여머리를 하기 위하여 후두부에 쪽을 찌는 행위로서 포(髱)의 모 다발을 땋아 머리털 끝에 댕기를 드리고 왼쪽으로 묶어 땋은 모 다발을 잡고 큰 고를 내어 오른손으로 모 다발 끝쪽을 위에다 감고 왼손에 있는 고를 한 번 틀어서 위로 올려 중간에 비녀를 꽂는다.

어여머리 밑받침을 또야머리 아래에 걸어 앞머리(前髮) 중앙에 있는 어염족두리 위에 올려놓는다.

⊙ 떠구지머리(큰머리)

거두미(巨頭味)라고도 하며, 정조 때 체계가 금지되면서 나무로 떠구지를 만들게 되었다. 떠구지는 조선 시대 궁중 비빈, 왕녀 등의 왕족 여성들이 큰머리를 틀 때 머리 위에 얹던 나무로 만든 머리틀이다. 궁중에서 의식 때 하던 머리 형태로서 어여머리 위에 다리를 땋아 큰머리 모양을 만들어 얹어서 큰머리라고도 하였다. 정조 3년에 가체 대신 어여머리 위에 얹는 커다란 나무틀을 만들어 사용하면서 이를 떠구지라고 불렀다.

| 머리틀
나무 표면을 머릿결처럼 조각하고 검은 칠을 했다.

⊙ 대수머리

대수(大首)는 대례 때 왕비의 가체이다. 궁중에서 대례 의식용으로 왕비가 하였던 머리 형태이다. 삼각형의 구도로 아래가 넓은 크고 화려한 모양으로 머리카락 다발을 어깨 높이까지 곱게 빗어 내리고 양 끝에 봉이 조각된 비녀를 꽂으며, 뒷머리 가운데에는 숱이 많은 머리카락 다발을 두 갈래로 땋아 자주색 댕기를 늘이고 머리 위 앞부분(前髮)에 봉비녀와 떨잠으로 웅장하게 장식하였다.

⊙ 땋은 머리

미혼녀의 땋은 머리를 특히 댕기머리라고 불렀다. 조선 시대는 땋은 머리끝에 댕기를 매었는데, 댕기의 빛깔로 미혼 남녀를 구분하였다.

처녀 – 청색 / 총각 – 검정색

⊙ 종종머리(바둑판머리)

8등분으로 모 다발을 나누어 땋아 주는 머리 형태로써 머리숱이 적은 여자 어린아이에게 땋는 방법이다. 앞가르마를 나누어 좌우 각각 3줄로 땋아 내려가 후두부에서 합쳐 땋고 댕기를 드린 후 가르마의 중앙에 칠보 장식을 붙인다.

여자아이의 머리 땋는 방법의 하나로써 양쪽 가르마를 중심으로 세 다발의 두발을 나누어 땋아서 그 끝을 모아 땋고 도투락댕기나 말뚝댕기를 드린다.

⊙ 첩지머리

궁중에서는 평상시 언제나 첩지를 사용하여 신분을 구별하였다. 사대부 부녀 예장 시 사용하였으며, 일반 서민들은 혼례 때 족두리나 화관이 내려오지 않도록 하기 위해 첩지를 부착하고 그 위에 족두리나 화관을 올려놓았다. 조선 시대 왕비를 비롯 내·외명부가 머리를 치장하던 장신구의 하나로써 장식과 형태, 재료에 따라 신분을 나타내고 예장 시 화관이나 족두리가 흘리내리지 않도록 고성시키는 역할을 하였다.

| 첩지머리

영조 때 얹은머리 대신 쪽진머리를 하게 하고 예장 때 족두리, 화관 등을 사용하게 하면서부터 비롯된 머리형이다. 조선 시대 사대부 부녀자들의 머리 장식에 쓰이는 첩지를 얹은머리로써 예장용 머리 형태이다. 가르마 중앙에 첩지를 놓고 좌우로 모발과 함께 쪽을 찐 머리형이다.

- 황후–도금한 용첩지
- 비·빈–도금한 봉첩지
- 내·외명부–자체에 따라 도금 혹은 검은빛의 무소 뿔로 만든 개구리 첩지를 사용한다.

수발 형태(垂髻)

형태란 사물의 생김새, 상태라는 뜻으로서 부분(部分)의 집합과는 달리 전체를 하나로 통합했을 때 대상의 모양 상태이다.

▷ 계(髻)

머리 다발을 이용하여 맺는 결발(結髮) 양식이다.
삼국 시대부터 남성보다는 여성의 머리 모양에서 여러 가지의 결발 양식을 발견할 수 있다.

– 결발(結髻)

① 머리 다발을 맺음, 즉 상투를 틀거나 쪽을 찌움을 뜻함
② 성년(成年)을 뜻하는 말로서 중국에서는 남자 20세에 관을 쓰고, 여자 15세에 비녀를 끼웠다.

▷삼국 시대 고분벽화나 문헌에 얹은머리[髢髻], 쪽찐머리[北髻], 채머리[垂髻], 묶은머리[束髻], 쌍상투[雙髻] 등의 머리 형태를 찾을 수 있다.

– 고대 수발 형태는 중국의 영향을 받음

고계(**高髻**), 반번계(**半翻髻**), 쌍계(**雙髻**), 추계(**椎髻**), 경혹계, 가체(**加髢**) 등의 머리 형태를 주로 하였다.

▷여성들의 고계(**高髻**) 가체의 사치가 심하게 되자 조선 시대에는 장식용으로 변하였다.

영조 32년(1756) 1월 사족(士族)의 부녀에게 가계인 다리[月子]를 금하고 족두리로 대신하게 하였다.

– 고계는 머리털을 땋아 틀어올릴 때 다리를 많이 얹어 높게 한 머리 형태이다.

고구려 고분벽화에서 그 모습을 볼 수 있는 것으로 보아 삼국 시대부터 있었음을 알 수 있다.

② 장신구(裝身具)

⦿ 비녀[簪]

쪽머리를 고정하거나 가체를 이용한 머리 형태를 고정할 때 사용하는 장식품이다. 신분에 따라 재료와 모양에 차이가 있었으며 긴 비녀는 의식용, 짧은 비녀는 평상용으로 사용되었다. 금, 은, 옥, 비취 등으로 된 비녀는 양반가의 부인들이 사용하였으며, 서민들은 나무, 뿔, 뼈 등으로 만든 비녀를 꽂았다.

쪽찐머리가 일반화되면서 비녀의 사용 또한 일반화되었고 가체에 치중되었던 사치는 다시 두부에 꽂는 비녀로 관심을 돌리게 되어 그 모양이 다채로워졌다.

비녀의 재료

금, 은, 백동, 진주, 옥, 비취, 산호, 나무, 죽(竹), 각(角), 골(骨), 비취 등

비녀의 잠두 수식

봉, 용, 어두, 조두, 매죽, 죽, 매조, 죽절, 연봉, 목연, 목단, 석유, 가란, 국화, 화접, 말뚝, 조리잠 등

⊙ 댕기

주로 땋아 내린 모발의 끝에 묶었으며, 상황이나 신분에 따라 다양한 형태와 종류를 사용하였다. 미혼 여성은 붉은색, 미혼 남성은 검정색, 기혼 여성은 자주색, 상을 당한 사람은 흰색 댕기를 사용하였다.

댕기 종류

시대 변천에 따라 변해 온 댕기는 실용성을 넘어서서 머리장식을 화려하고 아름답게 꾸미는데 큰 몫을 해왔다. 이밖에 어린이용 댕기는 종종머리에 뱃씨 붙인 댕기를 달아주기도 하였듯이 댕기의 종류는 다음과 같다.

쪽댕기, 제비부리댕기, 큰댕기, 앞댕기, 도투락댕기, 말뚝댕기 등이다.

⊙ 화관과 족두리(花冠 · 簇頭里)

조선 시대 영조 때 가체 사용을 금지한 후에 널리 쓰이게 되었다. 부녀자들이 예복에 갖추어 의식에 사용하던 것으로 서민들은 대부분 혼례 때에 활옷이나 원삼을 입고 사용하였다. 오늘날에도 전통 혼례식에서 볼 수 있다.

영 · 정조 양대에 걸쳐 가체로 인해 폐단이 많아지자 이를 시정하기 위하여 화관이나 족두리를 쓰게 함으로써 이의 사용에 더욱 일반화되었다. 가체에 쏟았던 사치는 다시 화관이나 족두리를 주옥금구(珠玉金具)로 꾸밈으로써 그 폐 또한 적지 않았다. 화관은 궁중 내연(內宴)에서 기녀와 동기, 무녀, 여령(女玲)들이 씻으며 그 모양이 약간씩 달랐는데 관(冠)에는 꽃을 꾸며 둘렀고 나는 듯한 모양의 나비를 달아매기도 하였다. 발제개혁에 의해 가체 대신 족두리와 함께 착용할 것이 권장되자 서민들도 혼례 때에는 이를 착용하였고, 예관용으로 사용할 때는 칠보 등으로 꾸몄다.

조선조 말엽에는 정장할 시 족두리를 쓰고 화려하게 꾸밀 때는 화관을 썼는데, 대개 활옷이나 당의를 입을 때 사용하였다.

⊙ 떨잠

왕비를 비롯한 양반가의 여자들이 예복 차림을 할 때 주로 사용하던 것으로 어여머리나 떠구지머리에 꽂아 화려하게 장식하였다. 움직임에 따라 장식물이 흔들리게 되어 있어 동적인 아름다움을 느낄 수 있는 장식품이다.

일명 '떨철반자' 라고도 하며 원형, 각형, 접형 등 여러 가지 형태의 옥판에 칠보, 진주, 보석 등으로 장식하였다.

⊙ 뒤꽂이

쪽머리와 얹은머리 뒤에 꽂는 장식품으로, 끝이 뾰족하고 화려한 뒤꽂이와 실용성을 겸한 귀이개, 빗치개 등이 있다. 신분에 따라 모양이나 재료를 다르게 사용하였다.

| 빗치개
가르마를 타거나 빗살 틈에 낀 때를 빼는데 쓰는 도구이다.

⊙ 개두(蓋頭)

고려 시대 부녀들이 외출할 때 얼굴을 보이지 않게 하려고 덮어쓰던 쓰개로 몽수(蒙首)라 하며 검은 비단 세 폭으로 만들었는데 폭의 길이는 8척이었다. 정수리부터 내려뜨려 얼굴과 눈만 내놓고 끝이 땅에 끌리게 했다. 조선 시대에는 길이가 짧아졌고 개두로 명칭이 바뀌었으며, 조선 시대 상류층 부녀자가 쓰던 내외용(內外用) 쓰개의 하나인 나올(羅兀)의 기원이 되었다.

⊙ 처네(薦衣)

서민층 여인들이 외출할 때 쓰던 쓰개의 하나로 개화기에 서북지방에서 주로 겨울철 방한용으로 사용하였다. 장옷보다 길이가 짧고 소매는 달지 않았다. 머리에 쓰기 좋게 4개의 주름을 잡아 깃을 달고 동정을 달았으며 양쪽 깃머리에 끈을 달아 뒤통수에 매게했다.

수모(手母)

조선 시대의 미용사로서 궁중에서나 혼례 시에 머리를 만져주고 가체를 씌우는 일을 돕는 직업이었다. 이들은 궁중에서 왕비와 왕후의 모발을 만져주기도 하고 양반가의 혼례에서 여성의 모발을 단장하고 가체를 씌워주거나 혼례 절차를 주관하고 신부의 폐백을 도왔다.

수모는 지금도 존재한다고 할 수 있는데 결혼식장에서 폐백 시에 옆에서 신부의 절을 도와주는 사람의 역할이 바로 수모가 하는 일이었다. 현재의 미용사라고도 할 수 있다.

| 가체 금지령(加髢禁止令)

조선 후기 가체가 성행하면서 가체를 마련하기 위해 가산을 탕진하는 일이 잦고 심지어 가체의 무게를 이기지 못하고 목을 다쳐 사망하는 사례가 생기자(이덕무의 《청장관전서》) 영조 32년 부녀자들에 대한 가체 금지령이 내려졌다. 그 후로 영조와 정조의 노력으로 점차 가체를 사용하는 풍습이 줄어들었다.

(4) 근대

우리나라 여성들이 미용에 눈을 뜨게 된 것은 개화기 이후이며, 외국 각지를 순방하거나 공부하고 돌아온 신여성에 의해 미용이 급진적으로 발달하였다. 1895년 상투를 자르는 단발령이 내려진 이후 많은 반발이 있었으나, 결국 남자들은 모발을 짧게 자르고 양복을 입기 시작하였으며, 여성들의 헤어스타일에는 1920년에 김활란 여사의 단발머리와 이숙종 여사의 다까머리(높은머리)가 혁신적인 변화를 일으켰다.

1933년 오엽주 여사가 일본에서 미용 연구를 하고 한국으로 돌아와 서울 종로 화신백화점 내에 화신미용실을 개설함으로써 최초의 미용실이 탄생하였다.

광복 이후(1945년 이후 미용교육기관)

- 김상진 : 현대미용학원 설립
- 권정희 : 정화고등기술학교 설립, 사범과 2년제 도입
- 오엽주 : 예림고등기술학교 설립

개화기(1910년 경술국치 이후)

을미년(乙未年) 단발령 공포와 함께 구미식 의복은 사회 윤리관에 대대적인 변혁이 있었다.

- 1876년 (병자 수호조약)
- 1884년 (갑신년 –의제 개혁)
- 1895년 (갑오개혁 – 단발령 공포)

단발령

인간은 상고 시대부터 생을 연장하기 위한 수단으로 수렵을 해왔으며 그 과정에서 head 및 신체적 부상이나 질병 등의 치료법으로서 두발을 잘랐다. 이것이 이용의 계기라 할 수 있다.

1895년 11월 15일(고종 32년) 단발령이 효시였다. 정부에서 체두관(剃頭官)을 방방곡곡으로 보내어 강제적으로 머리 상투를 잘랐다.

김홍집 내각의 내무대신 유길준, 정병하, 안정호(최초의 이용사로서 이용원 경영) 등이 직접 가위를 들고 상감과 제사의 두발을 잘랐고, 각료 대신들도 이에 따랐다.

서양의 이용

B.C. 1900년경 헤브라이(Hebrew)족이 죄인을 처벌할 때 두발을 삭발시키는 것이 이용의 시초였다. 전쟁이 일어나면서 치료의 목적과 두발 자르기, 수염 다듬기 등으로 외과의에서 분리, 하나의 의학 분야로 발전하여 현재에 이르렀다.

| 가발(假髮)

자기의 머리털(本髮)이 아닌 다른 머리털로 마음에 드는 머리 형태를 만들어 쓰는 것의 총칭한다.

우리나라에서 가발이 상용화된 것은 근대의 일이다. 가발은 다리나 가체와는 달리 머리[頭]에 씌우는 것과 기본 바탕(foundation) 위에 머리털을 심은 것이다.

머리숱이 적은 여인들이 다리를 달아 쪽을 찐 것이 가발의 시초이다.

(5) 현대

6 · 25 전쟁 이후 외국의 기술이 도입되면서 미용은 급진적인 발전을 거듭하였다. 1960년을 중심으로 이전에는 여성의 전형적인 머리 형태가 쪽찐머리였다. 이후로는 여성의 사회 진출이 활발해지면서 실용적이면서 손질이 쉬운 형태를 선호하게 되어 다양한 커트 형태의 헤어스타일일 뿐 아니라 가발 붐이 일어났다. 또한, 남성들이 미용실에 출입함으로써 남녀 혼용 미용사의 시장성이 형성되었다. 1970년대 펑크스타일에 금발이 유행하였다. 1980년대에는 다양한 펌 기법이 개발되었다. 1990년대에는 자연스럽고 손질하기 쉬운 쇼트 헤어스타일과 다양한 염색과 탈색이 유행하였다. 최근에

| 두개피 (頭蓋皮, scalp)

머리털이 달려 있는 머리가죽이라는 뜻으로서 두개피부(head skin)와 두발(capillus)의 합성어이다.

| 펌(perm)

펌은 웨이브 펌과 스트레이트 펌으로 구분된다.

는 건강한 두개피를 유지하기 위한 트리트먼트의 중요성이 강조되고 있다.

2) 서양의 미용

(1) 이집트(A.D. 200년경)

이집트는 고대 미용의 발상지로서 이집트인들은 가발과 많은 장식품을 사용하였다. 더운 기후로부터 머리를 보호하고 시원한 효과를 주기 위해 짧게 깎은 머리 위에 가발을 얹거나, 커치프(kerchief)라는 빳빳한 헝겊으로 만든 피라미드 모양의 머릿수건을 썼다.

이집트, 아시리아, 에트투리아는 미용 역사상 예술적 공적을 높이 평가할 수 있는 시기로서 헤어스타일이나 메이크업은 현대까지 영향을 끼치는 기법이 사용되고 있었다. 왕조 전은 남녀 모두 단발머리(bob style)였으며, 왕조 시대에는 땋은머리(braid) 스타일에 벗이나 깃털 장식을 하였다. 두발 양을 부풀리기 위해 가발(false hair)를 사용함으로써 이집트의 미용 역사는 가발의 역사로서 가발을 다루는 기교는 정교했다.

(2) 그리스 · 로마

그리스(B.C. 5세기) · 로마(B.C. 30년, 비잔틴 시대)인들은 금발을 아름답게 여겼다. 잿물로 모발을 표백하고 노란 꽃을 으깬 물에 모발을 헹구어 금색으로 물들였으며, 컬을 만들어 여러 가지 형태로 장식하였다.

고대 이집트 프롤레메우스 왕조의 마지막 여왕 클레오파트라 시대가 되면서 미용상 특징 외에 그리스 · 로마풍의 스타일이 존재하고 있었다. 가발이 아닌 두발을 길러 컬(curl)과 웨이브(wave)를 구사시키는 다양한 헤어스타일이 존재했다. A.D. 7세기에는 가발과 헤어피스가 유행하고 탈모 치료

법도 등장하였다.

B.C. 2세기 그리스 작업장에서 최초로 거울이 고안되었으며, 로마 시대 이발소는 단골 고객에게 최신의 정보를 제공함으로써 가십거리를 제공하기도 하였다. 예로써 아테네 사람들이 시칠리아 섬의 원정에 실패했던 이유도 왕이 면도 중에 이발사에게 스스럼없이 이야기함으로써 이발사가 그 비밀을 누설했다는 소문이 있었다.

(3) 중세(400~1500년)

종교가 생활과 관습에 많은 영향을 미치던 시대로, 자연스러운 웨이브보다 머리에 쓰는 관이나 장식을 중시하였다. 호화롭게 장식한 네트(Net)로 모발을 감싸거나, 얼굴만 보이게 하고 모든 모발을 숨기는 원뿔 형태의 모자인 헤닌(Hennin)을 썼는데, 헤닌의 높이는 신분이나 부에 따라 높아지기도 했다.

중세는 콜럼버스가 신대륙 발견 이전 1000년간의 시기로서 고위층 기독교인, 주교 수도원장은 일반적으로 법률에 의해 삭발을 시행하였다. 일반인들은 개인적으로 가는 모발(fine hair)과 독두(禿頭, baldness)는 대단한 불행으로 간주하며, 중년 이후의 여성들은 멧돼지 털이나 고슴도치 털을 재료로 한 헤어 브러시(머릿니를 없애기 위해서)를 사용하였다. 중세 시대의 외과의사와 이발사는 두 개의 길드 조합을 구성하였다.

(4) 르네상스(14~16세기)

목을 감싸는 러프 칼라(Ruff collar)가 점점 대형화되면서 모발은 짧고 단정하게 빗어 넘긴 형태를 띠게 되었다. 챙이 없는 모자인 토크(Toque)와 장식용 쇠사슬인 벨 페로니에(Bell Ferronniere)를 사용하였다.

(5) 바로크(1601~1700년, 17세기)

남성은 풍성하고 여성스러운 스타일을 하였다. 여성은 가발을 씌우고 포마드로 굳혀서 높이 빗어 올린 후에 보석과 진주로 장식한 핀을 꽂는 형태를 연출하였다.

루이 14세 시대로서 17세기 초 미용사는 16세기에 이어 계속되었던 전두부에 와이어(wire)나 쿠션을 집어넣어 높게 부풀린 퐁탕주(Fontage) 스타일을 유행시켰다. 이 스타일에 사용된 장식용 레이스를 주름잡아 철사로 층층이 세운 머리 장식용 리본이었다.

| 퐁탕주 스타일
정면을 높게 핀컬로 장식하고 이를 지탱하기 위해 파제드라고 하는 금속 바늘을 머릿속에 넣고 컬이 부족한 부분에는 머리카락 뭉치(부분 머리)를 집어넣어 부족한 부분을 같은 퐁탕주라고 불리는 쓰개로 보충하였다.

(6) 로코코(1701~1800년, 18세기)

백발이 유행하여 곡물가루로 만든 백분을 많이 사용하였다. 남성들은 모발을 뒤에서 낮게 묶어 리본을 매거나, 옆머리는 짧게 잘라 컬을 말고 뒷머리는 묶는 형태를 하였다.

루이 14세 정치 말기부터 루이 15세 전성기 시대에는 머리카락을 부풀리지 않고 뒤로 빗어 넘긴 우아하고 깔끔한 머리 형태인 퐁파두르(Pompadour)스타일이 유행하였으며, 18세기 후반 루이 16세의 왕비 마리 앙투아네트는 거대하고 장식이 화려한 헤어스타일을 유행시켰다.

| 퐁파두르 (Pompadour)
팜프도르 스타일이라고도 하며 납작하고 작은 머리 형태이다.

- 1804년 장 바버(Jang Barber)가 외과와 이용원을 완전 분리시켰다.
- 1871년 가구 제작소인 바리캉 마르(Barigunn Mar) 회사가 헤어 컷을 위한 수동식 도구 바리캉(Bariquant)을 발명하였다.
- 1872년 일본 귀족 기무라 시게로(木村重郎)가 서구의 이용 기술을 받아들여 연구하였다. 일본 정부의 삭발령 선포를 계기로 쫑마게를 자른 쇼트 헤어스타일을 만들었다.
- 1875년 마르셀 그라또우(Marcel Grateau)가 마셀 웨이브(일시적인 웨이브)를 창조하였다. 사인보드(청 · 홍 · 백색)의 상징적 간판으로써 이용 문화가 점차 전 세계로 보급되었다.

(7) 근대(1901~1950년)

18세기 말의 프랑스 대혁명으로 인해 사람들의 생활은 검소해지고 기능성을 중시하게 되었다. 또한, 낭만주의의 영향으로 여자들의 머리 형태는 굵은 컬을 부풀려 올리는 로맨틱한 분위기의 스타일이 주를 이루었다. 특히 머리를 돌돌 말아 늘어뜨린 앙글레즈(Anglaise) 스타일이 유행하였다.

| 앙글레즈(Anglaise)
길게 세로로 땋아 묶은 머리, 이탈리아풍의 세로 롤의 머리 모양으로 19세기 중반에 유행하였다.

1905년 독일의 네슬러(Karl Ludwig Nessler)에 의해 최초의 열펌(electrical heater perm)이 창안되었다.

1914~1918년 전쟁 전후 시기에 파리에서 헤어스타일(the bob)이 짧아지는 큰 변화가 생겼고 미니스커트와 함께 유행하였다. 즉 잔다르크컷이라 하여 1917년 미국 간호사들이 쇼트 스타일에 펌을 한 머리 형태가 유행하였다.

(8) 현대(1960년~현재)

현대 사회에서 여성의 사회 진출이 늘어나면서 실용적이고 기능적인 머리 형태가 나타났으며, 점차 다양화, 개성화되고 있다. 커트와 펌 기술이 향상되어 다양한 헤어 스타일이 등장하였으며, 최근에는 복고풍의 영향으로 60년대 비달사순의 기하학적인 커트, 70년대의 히피 스타일이 다시 유행하기도 한다.

미용에서 'art'란 단어의 사용 시작, 즉 마셀웨이브를 할 수 있는지 없는지에 따라 미용사(beauty hair dresser)와 이용사(barber hair dresser)를 구별하는 기술이 되었다.

◎ 참고문헌
《모발미학사》, 류은주, 이화, 2003, pp.13~65, 141~306
《고등학교 헤어미용》, 류은주, 이해숙, 유중경, 이자연 공저, 서울특별시교육청, 2010, pp.8~16

2. 업스타일 디자인의 조형 원리

1) 업스타일의 개념

업스타일이란 사전적 의미는 Up+style 머리를 높이 빗어 올려 위에서 머무르고 목덜미를 드러내는 여자의 머리 모양 또는 여자의 머리 꾸밈새의 하나라고 정의되어 있다. 사전적 의미를 살펴볼 때 명확하게 '이것이다' 라고 정의를 내리기 쉽지 않다. 실제 예식 때나 평상시 우리는 흔히 업스타일이라는 용어를 올림머리뿐만 아니라 쪽을 짓는 내림머리에도 사용되는 것을 볼 때 좀 더 넓은 의미로 업스타일이란 '머리를 빗어 올려 묶거나 핀으로 고정시켜 목덜미 부분 위에서 연출되는 모든 형태의 스타일' 이라고 정의를 내릴 수 있다.

업스타일은 우아함과 여성스러움과 로맨스로 묘사하는 예술 형식이다. 입체적이고 심미적 아름다움의 표현과 창출을 위한 헤어스타일의 한 분야이다.

기능인 면에서도 다른 헤어스타일에 비해 디자인이 강조되고 뛰어난 조형감각이 요구되며, 이 분야에 뛰어난 경험과 일정한 경력이 쌓였을 때 풍부한 감성과 기술적인 테크닉의 조화를 이뤄 작품의 완성도를 높일 수 있는 특징을 갖기도 한다. 업스타일을 행하기 전 블로(Blow) 드라이나 전기 세팅 또는 각종 도구를 이용하기도 하며, 때에 따라 컷을 하여 주거나 염색이나 탈색 등을 하는 경우도 있다. 이처럼 업스타일은 모든 부분이 조화롭게 완성되어야 가능한 고난이도 테크닉이기 때문에 아주 특수한 기능으로 인식되고 있다.

우리 민족은 예로부터 예를 중시하는 민족으로 예식이나 명절과 특별한 행사 시에는 의상과 함께 업스타일을 해왔다. 업스타일은 모든 이미지 표현 방법 중에서 가장 우아하고 아름다운 스타일이기도 하지만 무엇보다 최고의 스타일로 자신을 치장하려는 욕구에서 본질을 찾을 수 있다.

헤어를 아름답게 꾸미고자 하는 장식적 욕구는 어느 시대이고 관심의 대상이며 '예로부터 머리 손질에 나타나는 양식적 특징은 각종 의식에서 빠질 수 없는 상징과 예의를 표현하는 수단으로 사용' 되었을 뿐만 아니라 개인의 아름다움과 패션을 완성하는 데도 중요한 역할을 해왔다. 이처럼 고대부터 시대상에 따른 다양한 인간 문화의 변천과 맞물려 변모와 발전을 거듭해 왔으며, 단순히 아름다움을 위한 장식 목적에 그치지 않고 개인의 신분이나 계급을 정하는 중요한 표시 수단으로서의 역할을 병행해 왔다.

한국과 서양 헤어스타일의 변천을 통해 헤어스타일과 의복은 여성의 아름다움과 개성을 표현하는 수단으로서 자신의 이미지를 표출하려는 표현 방법으로 나타나고 있다. 의복이 화려해지면 헤어스타일도 화려해지고 의복이 단순해지면 헤어스타일 역시 단순해진다. 한국에서도 마찬가지로 트레머리는 한국의 고전 한복에 어울리고 큰머리는 대례복과 같은 행사용 의복에 사용되어 그 모양이 과대하고 화려했다. 그러므로 업스타일은 자체 균형이나 조화도 중요하겠지만 의복과의 전체적 조화미와 일치되어야 하며, 반면 현대에는 메이크업과 의복이 화려해질수록 헤어스타일은 단순화되는 경향을 보이고 있다.

헤어스타일은 민족과 종교, 그 시대의 미의식에 따라 다양하게 나타났으며 헤어스타일에 따라 민족, 성별, 직업, 종교 등을 유추해 낼 수 있다. 귀족 계급에서는 화려하고 다양한 형태의 머리 장식과 가발, 가체 들을 사용하였고 하층계급이나 천민 등은 활동하기 편리한 헤어 업스타일을 하고 있다. 이처럼 필요에 의해 생겨날 수밖에 없었던 사회 현상 속에서 문화의 향상과 더불어 미적 욕구가 생겨났고 자연적으로 다양한 디자인이 발생하여 역사를 이루어 왔다.

21세기에 들어 미용은 스타일을 연출하는 디자인 중심 분야와 더불어 미용 케어 분야가 발전하고 있다. 특히 업스타일은 강조형의 위치, 즉 형태가 형성되는 두상의 위치, 헤어피스와 가체를 사용하여 과장되게 표현하거나 좌 · 우 균형이 맞게 연출되는 대칭적인 스타일과 비대칭적인 스타일에 따라 분위기와 이미지가 틀려지게 된다.

현대의 업스타일의 개념은 머리 뒤로만 올리는 스타일로 한정을 짓지 않고 다양한 시술 방법과 강조형의 위치의 변화에 따라 폭넓은 개념으로 사용되고 있다. 이처럼 업스타일은 두상의 위쪽 부분부터 목덜미 아랫부분까지 연출되는 스타일을 의미하는 것으로 두상 위치의 변화에 따라 다양한 스타일을 만드는 포괄적인 개념이라고 할 수 있다.

2) 디자인 요소와 형태의 분석

(1) 업스타일의 디자인 요소

① 형태(Form)

형에는 평면적인 형과 입체적인 형이 있다. 점과 점을 연결하는 것으로 선을 만들고 선이 이동한 곳에 면이 생겨 형이 된다. 그러나 그것은 평면상의 2차원 속의 형이고, 그 면에는 질감과 색상을 갖고 이동하는 입체가 생긴다. 여기에는 균형과 비례 같은 일정한 법칙에 따라 3차원 속의 형태(스타일)가 성립된다. 헤어 디자인에서 형태는 어느 방향으로든지 확장이 가능한 부피나 볼륨을 말하는 것이며 형태를 알기 위해서는 앞, 뒤, 옆, 위, 아래 등의 여러 측면에서의 각도를 살펴봐야 하며 미용에서의 디자인은 모양과 방향, 크기로 이루어지며 이들 구성 요소는 완성의 모습을 변화시킬 수도 있으며 디자인 내에서 머리의 방향은 움직임을 뜻하며 디자인의 역동성에 중대한 역할을 한다.

② 질감(Texture)

질감은 '물질 자체의 특유 재질을 나타내는 촉각적, 시각적 느낌', '커팅 기법과 컬의 형태에 영향을 받을 수 있는 모발 표면의 질' 이라는 사전적 의미를 가지고 있다.

질감이란 어떤 표면의 모습이나 '느낌' 이다. 부드럽다, 곱실거린다, 거칠다, 오돌토돌하다, 혹은 매끄럽다와 같은 말의 질감의 성질을 묘사하는 말이다. 질감은 실제로 만져서 알 수 있는 촉각적 질감과 눈으로 보아서 그 차이를 구별할 수 있는 시각적 질감의 두 가지로 나누어 볼 수 있다. 촉각적 질감은 실제 손으로 만져서 느낄 수 있는 직접적인 질감이고, 시각적 질감은 우리 눈으로 보이는 느낌, 즉 시각을 통해 촉각을 불러일으킬 수 있는 질감을 말한다. 헤어에 대한 질감으로 거칠다, 무겁다, 가볍다 등으로 나타난다. 균형(Balance), 대칭(Asymmetry), 강조(Accent), 율동, 조화를 표현한다. 재질은 형과 색채와 마찬가지로 평이하고 특징이 없는 재질의 경우 시각적 무게가 적으며 특이하고 장식성이 클수록 시각적 무게가 커진다. 질감의 대비가 디자인의 중심이 될 때에는 질감의 대비를 크게 하며, 특이한 머리 질감은 강조점의 기능을 갖도록 적은 면적에 제한적으로 사용하는 것이 효과적이다.

③ 색채(Color)

컬러는 어떤 디자인에 깊이 차원과 빛의 반사를 더해 주는 요소이며, 일반적으로 디자인에 가장 강한 영향을 주며, 또한 생동감과 방향감에 대한 착각을 일으키게 하여 시선을 특정한 부분에 집중시키게 한다. 색채의 효과로는 어느 특정 부분을 강조하여 단점을 감추기도 하며, 은은하고 차분한 것에서 비롯하여 변신까지 유도시킬 수 있는 다양한 범위로 표현될 수 있다. 색채는 질감에 착시 현상을 일으켜 전체 머리 형태 또는 그 머리 형태의 어느 한 부분에 시선을 집중시킨다. 어두운 모발색은 형태의 모양에 먼저 시선이 가도록 한다. 밝은색과 함께 있으면 밝은 톤은 앞으로 돌출되어 보이고 어두운 톤의 색은 후퇴해 보인다. 밝고 대담한 색은 어떤 디자인의 특정한 부분에 흥미를 더해 주고 주의를 집중시킨다. 이는 업스타일에서도 효과적으로 활용할 수 있는 방법이다.

(2) 형태의 분석

형태의 사전적 의미는 '형태(Form), 형(Shape), 형상 등과 거의 같은 뜻' 으로 사용된다. 디자인 용어로서의 형태는 구체적인 입체의 형체를 말하며, 형은 추상적인 평면적 도형의 의미를 갖고 있다. 형태를 '어패런트 이미지(Apparent image)' 라고 하며 원형, 삼각형, 사각형 등에 임의의 특성을 부여하여 원통, 사각기둥 등 용적과 방향을 드러내는 전체가 됐을 때 '형태' 로 규정한다.

형태는 포괄적 개념으로서 '형(形)' 이라고 표현된다. 형태는 오늘날 우리가 환경이나 시각언어, 도구의 형태 등과 같이 구체적 형상을 위해 미술과 예술학의 기존 언어를 인식된 것으로 자연과 문화 속에 내제된 여러 가지 형태의 단어로 정착되고 있다. 형태와 형의 개념은 비슷하면서도 엄밀하게 보면 서로 다른 의미를 내포하고 있으며 아래의 표에서 형과 형태를 비교하여 그 의미를 살펴볼 수 있다.

[형과 형태의 비교]

형	형 태
평면상의 형	입체상의 형
선의 이동에 따라 이루어짐	면의 이동에 따라 이루어짐
하나의 윤곽선을 가지고 있음	보는 방향이나 각도에 따라 여러 개의 윤곽선으로 나타남
특정한 면이나 모양을 나타냄 – 자연적 또는 인공적인 모양	인위적인 모양
개념적으로 떠올릴 수 있는 대상	구체적인 대상
크기, 색채, 질감 등을 포함하지 않음	크기, 색채, 질감 등을 포함
단순한 외형의 윤곽선	단순한 외형의 윤곽선, 그 외에 정신적인 면
위치와 방향을 제외한 공간적 면모	위치와 방향을 가진 공간적 면모

형태는 인간의 감각 중 시각과 촉각에 의해 지각되며, 색과 함께 대상물의 본질적 특성을 감각적으로 경험하게 해주는 중요한 요소로 크기와 공간에 의해 다양해지므로 디자인은 근본적으로 형의 배치라 할 수 있다.

형태에는 구상적 형태와 추상적 형태가 있으며 물건 표면상의 면적이나 입체의 실루엣 도형이다. 형태의 심리적 특징은 각자의 형태가 형성된 윤곽선이 가지고 있는 심리적 특징보다 현저하게 특징지어지고 있다.

[형태의 특징]

형 태			
직 선 형		곡 선 형	
기하직선형	자유직선형	기하곡선형	자유곡선형
안정, 신뢰, 확실, 강렬, 명료, 질서, 간결	강렬, 예민, 직접성, 남성적, 대담, 활발, 명쾌	직선보다 부드러우나 수리적인 질서가 느껴진다. 명료, 자유, 이해, 확실, 정연	기하학적인 질서를 갖고 있지 않은 곡선이기에 아름답고 매력적이지만 추한 형도 많다. 우아, 여성적, 유연이며 불명료이거나 무질서가 된다.

형태를 이루는 기본 요소의 특징이나 해석 또는 다양한 활용을 시각적으로 연구하거나 학습할 기회는 흔하지 않다. 이러한 요소들을 이해하는 것은 매우 중요하며 시각화된 디자인 과정에서 구상력과 창의력을 가져다 준다.

[형태의 분류]

형 태 (Form)	이념적 형태 (Ideal Form)	순수 형태(Pure Form) 또는 추상적 형태(Abstract Form)
	현실적 형태 (Natural Form)	자연적 형태(Natural Form) 인위적 형태(Artificial Form)

형태는 아래의 표에서 이념적 형태와 현실적 형태로 분류할 수 있으며, 이념적 형태는 순구 형태 또는 추상적 형태를 말한다.

현실적 형태는 자연적 형태와 인위적 형태로 나눌 수 있는데, 헤어 디자인에서의 시술 형태는 현실적인 형태에 바탕을 두고 있다. 현실적 형태는 인간 자신을 포함하여 인간 주위에 존재하는 모든 만물을 말함이다. 이러한 관점에서 볼 때 디자인은 '새로운 현실적 형태' 라고 할 수 있다. 즉 실용적이고 미적인 조형의 가시적 표현을 디자인이라고 할 때 가시적 표현은 현실적 형태의 창조를 의미한다.

순수 형태에서 소재 자체가 의미를 주지 못하는 반면 현실적 형태에서는 소재자체가 커다란 의미를 갖는다는 것이 중요한 사실이다. 이러한 현실적 형태는 자연적 형태와 인위적 형태로 분류할 수 있다.

(3) 업스타일의 원리

① 균형(Balance)

균형이란 본래 '저울' 이라는 뜻이며, 두 개의 것을 저울에 달아 양자가 똑같은 중앙의 지점을 가리키는 상태를 의미하며, 시각적인 무게에 의해 평형을 이루고, 안정되고 아름다워 보이게 하는 가장 중요한 디자인의 원리이다. 모든 형태의 심리적으로 힘의 지배를 받으며, 무겁고 가벼움을 느끼게 하는 것은 중심의 존재에 의해서 안정감을 갖는 것이다. 좋은 균형은 아름다움을 창조하는 중요한 미적 요인이다. 균형은 물리적인 질서임과 동시에 심리적인 질서이면서 마음속의 안정요소로서 인간의 본능적인 감각의 이상을 느낀다. 균형은 상하 좌우가 균등하게 배분된 혐의 대한 감각으로 평형, 조화, 안정 등을 느끼며, 크게 대칭 균형(Symmetry)과 비대칭 균형(Asymmetry)의 두 가지 스타일로 나눌 수 있는데, 대칭 균형은 권위적, 형식적인 반면에 비대칭 균형은 동적, 융통성, 자연스러운 느낌을 주며 한 점을 중심으로 사방으로 이루는 방사균형이 있다.

[대칭과 비대칭의 미적 효과]

구분	대칭	비대칭
정의	통일 원리로서 작용하는 성질	변화 원리로서 작용하는 성질
특징	• 정돈성 : 엄격한 느낌 • 안전성 : 정적, 편안함의 느낌 • 정관성 : 조용하게 관찰한 상태 • 단정 : 바르고 정리되어 있는 느낌 • 엄숙 : 정숙하며 마음이 긴장되는 느낌 • 단순성 : 섞인 느낌이 없으며 복잡하지 않고 깔끔한 느낌	• 비정돈성 : 엄격한 느낌이 없고, 질서를 잃은 느낌의 긴장감을 완화시키는 효과 • 비정관성 • 운동성 : 생동감, 활동성 • 복잡성 : 뒤얽히고 섞인 듯한 느낌

② 비례(Proportion)

비례는 '비율, 분할'을 뜻하며 대소의 분량, 장단의 차이, 부분과 부분 또는 부분과 전체와의 수량적 관계가 미적으로 분할될 때 좋은 비례가 형성되며 이것을 황금비라 한다. 비례는 일정한 크기에 대하여 부분과 부분 또는 부분과 전체의 관계를 말하며, 대표적인 비례 방법으로는 고대에서부터 가장 아름다운 비율을 사용한 황금분할(1:1.1618)이다. 미용 디자인 과정에서 1차원의 선, 2차원의 평면형, 3차원의 입체형을 구성하는 부분의 크기를 결정하게 되며, 이때 적용시킬 수 있는 디자인의 원리가 비례이다. 좋은 비례는 균형과 조화 안정감을 표현하며 조화롭게 고려한 비율 사용은 디자인을 제시하는데 효과적인 디자인 원리라 할 수 있다. 비례의 원리의 기본이 되는 개념은 중요하나 비율적 숫자에 얽매이지 말아야 하며, 인체가 가지고 있는 자연의 비례가 우선적으로 존중되어야 하고, 유행적 특성을 고려해야 한다. 미용 디자인은 원리와 요소를 조화롭게 적용함은 조화는 모든 조형 디자인의 목표이며, 조화된 상태를 보고 아름다움을 느낀다. 미용 디자인의 목표로서 디자인 요소의 조화는 디자인된 순수한 미적 측면에서 보았을 때 우수한 조형미를 갖도록 한다는 것이다. 조화된 상태는 '변화 있는 통일'에 의하여 이룰 수 있으며, 미용 디자인에서도 디자인 요소들을 통일되면서 변화 있게 사용함으로써 조화를 이룰 수 있다. 조화의 기본은 통일이며, 통일은 일관성을 의미하여 디자이너가 작업적 기술을 표현하기 위해서는 반드시 준수하여야 할 것이다. 미용 디자인의 목표는 순수한 미적 측면에서의 조화와, 소비의 개념을 포함하였을 때의 적합성, 시대적 미의 부분인 시기로 나뉜다. 이에 디자인 활용에 적용되는 지식 체계가 앞으로 전개될 디자인의 전문성에 중요한 요소가 될 것으로 많은 사람들이 내다보고 있다. 따라서 디자인의 지식 체계는 바로 디자인 프로세스의 자체 연구에서 시작되며 형성되는 것이다. 이에 미용 디자인의 최종 목표는 인간의 감성을 기술과 미용 디자인에 적용함으로써 인간 삶의 질을 향상시키고, 이에 부응하여 미용 디자인을 행함으로써 경쟁력도 높에 하는 것이다. 우리 경제가 선진국형으로 변모됨에 따라 디자인의 중요성이 다시 크게 거론되고 있음은 결코 우연이 아니다.

③ 리듬(Rhythm)

리듬은 일련의 연속적인 움직임이 있는 형태를 말한다. 또한, 리듬은 보는 이의 눈길을 한곳에서 다른 곳으로 자연스럽게 유도하는 힘이 되며 반복되어 짐은 미용 전체에 한결같이 흐르는 분위기를 결정하며 미용 각 부분에 연계성을 줌으로써 궁극적으로 조화를 이루는데 도움을 준다. 머릿결의 웨이브도 연속적인 표현이라든지 점점 크거나 점점 작아지는 등의 반복되어지는 표현을 의미한다.

업스타일 디자인에 있어서 리듬은 선, 형태, 질감, 색, 밝고 어두운 패턴과 공간적 간격 등으로 이루어진 패턴인 것이다. 리듬은 디자인의 한 부분에서 다른 부분으로서 시선 이동을 쉽게 하고 부분들 간의 시각적 관심의 순환적 흐름을 유지하도록 돕는다.

④ 통일(Unity)

통일은 형태의 구성 원리 중 가장 핵심이 되는 요소로서 형태의 균형, 비례, 리듬, 강조가 어떻게 구성되었느냐에 따라 얻게 된다. 또한, 부분과 부분, 부분과 전체 사이에 질서를 주는 유기적 조화를 의미한다. 통일성은 하나의 전체가 부분보다 두드러져 보여야 하며 각각의 요소들을 따로 분리해 보기 이전에 전체적인 것을 먼저 볼 수 있도록 하는 것이다. 이러한 통일성을 가질 때 여러 가지 조화적인 형태, 선, 그리고 질감이 공통적 속성들을 가지는 것을 볼 수 있다. 통일성은 어떤 헤어 디자인에 있어서의 한 요소를 반복함으로써 얻어 질 수 있으며, 이러한 노력은 모든 요소들을 똑같게 만들어 정형화시키기 위한 것이 아니라 헤어 디자인에서 전하고자 하는 이미지를 명확하고도 효과적으로 전달하기 위한 것이다. 그러나 너무 통일에만 치우치면 단조로울 수 있으므로 적절히 조화롭게 할 필요가 있다.

⑤ 강조(Emphasis)

사전적 의미의 강조는 '주위의 조건이나 환경에 따라 특정 부분을 강하게 나타내는 것' 으로 표현되어 있으며, 시각적으로 전체를 지배하는 중심 요소와 이를 보조하는 다른 요소들 간에 서로 종속의 관계를 이루며, 서로 대비되어 강조의 효과를 만든다. 업스타일에서의 강조를 표현하는 방법은 디자인 요소나 의미를 반복함에 의해서 얻어지는 경우와 디자인 요소의 대조를 통해서 얻는 경우가 있다.

⑥ 조화(Harmony)

조화는 서로 다른 디자인 요소들의 조합되거나 대비되었을 때 각각의 요소가 이질감 없이 서로 잘 융화되어 질서 있는 미적 효과를 만들어내는 상태를 말한다. 조화는 심미적이고 감각적인 면에서 측정될 수 있는 부분으로서 다른 디자인 형식의 기초임과 동시에 이를 총괄하는 구성 원리이다. 두 개 이상의 요소 또는 부분이 상호관계에 대한 내적 가치 판단으로서 그들이 서로 분리되어 배척하지 않고 통일된 전체로서 높은 감각적 효과를 발휘할 때 일어나는 현상이다. 조화는 대비, 변화 요소를 가미하며 통일, 균형을 이루도록 하는 것이라고 할 수 있지만, 이러한 원리들이 통합되어 전체적으로 안정감을 이루어 시각적으로 즐거움을 줄 수 있는 총체적인 의미로 파악하여야 한다.

⑦ 대비(Contrast)

대비는 디자인을 구성하는 요소들 사이에서 반대가 되는 성질을 서로 배치시켜 긴장감을 내거나 하여 극적인 효과를 얻어내는 것이다. 대비는 서로 다른 조합에 의해서 생기는데, 시각상 힘의 강약에 의한 형의 감정 효과라 할 수 있다. 업스타일에서의 대비는 형태의 대비, 크기의 대비, 색채의 대비, 방향의 대비, 위치의 대비, 공간의 대비, 중량감의 대비 등을 분류할 수 있다.

3) 업스타일의 디자인 기법

헤어스타일링을 위해서는 다양한 손기술에 의하여 만들어 지게 되는데 업스타일에서 주로 사용되는 기법은 크게 땋기(Braids), 매듭(Knot), 겹치기(Overlaps), 고리(Loops), 말기(Rolls), 꼬기(Twist), 과장(Exaggeration), 고정(Fixate) 등으로 분류할 수 있다.

(1) 땋기(Braids)

땋기 기법은 세 가닥이나 네 가닥 그 이상의 머리 가닥을 교차하거나 엮는 것을 손이나 기계를 이용하여 땋는 것을 의미한다. 땋는 형태는 서로 교차하는 대각선 구조를 가지면서 납작하거나 원통 모양을 갖는다. 이 기법은 주로 머리 가닥의 풀림을 방지하거나 장식적은 효과를 가지고 땋기에 사용된 머리 가닥 수에 따라 구분이 되어지며 땋기의 크기는 가닥의 굵기와 크기, 섹션의 방법에 따라 다양하게 분류되며, 다양한 디자인 연출을 위해 천체축의 어느 선을 따라서든지 놓여 질 수 있다.

(2) 매듭(Knot)

매듭이란 한 가닥의 헤어를 동그랗게 만들어서 메어 마디를 이룬 것이거나 끈, 실 등의 소재를 이용하여 엇걸어 마디를 짓거나 고를 내거나 하여 모양을 내거나 만들어 헤어를 장식하는 기법이다. 매듭의 기원은 인류가 최초로 덩굴이나 끈 등을 이용하여 나무 막대 끝에 돌을 묶어 원시적인 도끼를 만들 때부터 비롯되었다.

이 기법은 창의성을 바탕으로 다양한 디자인 연출이 가능하며 한 가닥 이상의 머리 가닥들의 작업이 행하여 질 때 전체적인 디자인에서 하나의 구성 요소로 작용되고 방향이나 위치에 따라 여러 가지 형태로 연출할 수 있다.

(3) 겹치기(Overlaps)

겹치기 기법은 두 개의 머리 가닥을 서로 반대쪽 가닥 위로 반복적으로 겨쳐서 십자형으로 겹침 효과를 말한다. 가닥의 굵기나 섹션 방법의 차이와 강조 지점에 따라 완성된 겹치기 형태의 영향을 받는다. 좋은 결과를 얻기 위해서는 각 섹션을 겹치도록 하도록 두상의 사이에 곡면에 90도가 되도록 세워서 유지해야 하며, 백 포인트 아래 부분의 시술 시에는 엄지손가락을 이용해서 텐션을 주도록 한다.

(4) 고리(Loops)

고리는 머리 가닥을 접거나 구브리거나 둥글게 하여 곡선 모양으로 고정하는 것을 말한다. 머리 가닥을 말기 전의 손가락의 위치는 고리의 크기를 결정하고, 디자인에 있어 고리의 숫자가 증가할수록 디자인의 모양은 더 복잡해진다. 고리는 천체축을 중심으로 어디에든 놓일 수 있고, 고리들이 다른 옆이나 위에 놓여 있으면 형태를 확장하고 더 많은 볼륨을 만든다. 또한 각 고리의 위치와 크기의 다변성은 디자이너의 자유로운 창작활동을 제한해 주고, 다양한 디자인을 창조할 수 있도록 해준다.

(5) 말기(Rolls)

말기란 굴리거나 회전하여 굽어지는 모양으로 머리 가닥 자체 내에서 말거나 감겨지는 것이다. 롤의 크기는 패션 경향이나 개인적인 선호도와는 별도로 머리의 길이에 따라 결정되며 긴 머리는 볼륨감을 추가로 만들어 낼 수 있다. 대부분의 롤은 원통형이나 원뿔형의 모양을 하고 있으며 천체축의 어느 선으로도 감을 수 있다. 롤의 방향은 시계 방향, 시계 반대 방향, 양방향 등 어느 방향이든지 될 수 있다.

(6) 꼬기(Twist)

꼬기는 밧줄 같은 모양을 나타내기 위해 한 가닥, 두 가닥 혹은 세가닥의 머리가 말려 있거나 회전한 것이다. 머리 가닥의 크기와 이에 적용되는 텐션은 꼬기의 모양을 결정한다. 크기와 텐션은 큰 것에서 작은 것으로 또는 느슨한 것으로부터 타이트한 것으로 변할 수 있다. 크고 느슨하게 꼬여진 머리 가닥은 아방가르드 형식(전위적인 표현)을 나타내 준다. 꼬기의 위치와 머리 가닥의 크기와 텐션의 양을 변화시켜 무제한의 창의성을 발휘할 수 있다.

(7) 과장(Exaggeration)

업스타일은 모발이 부풀어진 볼륨과 높이와 부풀어진 부위에 의해서 디자인의 형태가 완성되고, 그것에 의해 헤어스타일의 이미지가 다양하게 연출되므로 볼륨의 형성은 업스타일에 있어서 중요한 역할을 한다. 모발에 볼륨과 높이를 형성하기 위해서는 모발에 빗과 브러시 또는 손가락을 사용하여 모선에서 모근 쪽으로 강약을 달리하여 빗어 모발을 세우는 기법인 백콤(Back comb)을 넣어 부풀려서 사용하는 경우도 있고, 가체를 사용하여 과장된 볼륨을 형성하기도 한다. 그러나 머리의 양이 백콤만으로는 볼륨의 형성에 한계가 있으므로 과장된 머리 형태를 연출하기 위해서는 가체의 사용이 절대적이라고 할 수 있다. 그러므로 가체를 사용하여 헤어스타일을 연출한 것은 과장되게 표현된 것이라고 할 수 있다. 또한, 가체를 사용하여 볼륨을 형성할 때에는 강조형의 위치에 따라 다양하게 연출할 수 있다.

볼륨을 형성하는 방법에는 여러 가지 기법이 있겠지만 여기서는 백콤과 가체에 대하여 알아보고자 한다.

① 백콤(Back comb)

사전적 의미는 '머리를 거꾸로 빗어 세우다' 이며 거꾸로 빗질을 하여 뿌리에 힘을 주기 위하여 모발을 인위적으로 엉키게 만드는 효과로 방법은 모발의 끝 부분을 손으로 잡고 모발 끝에서부터 모근을 향하여 강약의 조절을 통하여 빗어 모발의 양을 부풀어 보이도록 하기 위한 업스타일 기법이다. 백콤은 각도에 따른 모발 상태에 따른 강도, 섹션과 방향, 텐션에 따른 감각, 모발의 양에 따른 볼륨 감각 등의 중요한 기초적인 기술을 습득하는 것이 중요하다.

이때 강약의 조절과 빗질의 방향이 업스타일의 형태적인 요소를 좌우하므로 시술자의 정확한 디자인이 우선적으로 이루어져

야 한다. 백콤은 단순히 부풀림의 효과만을 위한 것이 아니라 두상의 결점을 완화시키는 업스타일 기법이다.

백콤은 여러 가지 방법으로도 가능하지만 기본적으로 어느 지점부터 백콤을 시작하느냐에 따라 강조 지점과 과장의 크기를 달리할 수 있다.

백콤의 시작 지점은 크게 롱 스트로크(Long stroke), 미디움 스트로크(Medium stroke), 쇼트 스트로크(Short stroke)기법으로 나눌 수 있다.

② 가체(싱)

싱과 가체는 업스타일에 있어 중요한 소재 중의 하나로서 예로부터 가체의 사용은 부의 상징이며 미의 기준이 되기도 하였다.

[싱의 종류에 따른 사용 방법]

싱의 종류	사용 방법
원형	가장 많이 응용되는 타입으로 원형 토대 위에서 토대보다 약간 크게 만들어 씌운다.
긴 역삼각형 (당근형)	후두부의 면 겹치기에 응용된다.
역삼각형	백 포인트(Back point) 토대 위에 위치하여 높이를 넓고 얇게 하여 시뇽이 위치하게 된다.
반달형	톱 포인트나 네이프(Nape)에 수평으로 둥굴게 라운딩된 초승달 형태를 디자인할 때 싱을 활용한다.
도넛(Donut)형	묶은 상태에서 묶음 부분 주변으로 싱 가운데가 뚫려 있는 도넛(Donut) 모양의 싱을 감아 작은 볼륨을 확보할 때 사용한다.

그 크기가 크고 화려할수록 미인이며 신분이 높은 것으로 여겼다. 현대에 와서는 가체나 싱을 과다하게 사용하는 것을 찾기는 힘들고 백콤만으로 풍성한 볼륨을 확보하기 어려운 경우 적

당한 크기의 싱이나 가체를 이용하여 결점을 보완하거나 약간의 부풀림의 효과로 사용하고 있다.

(8) 고정(Fixate)

업스타일에 있어 고정의 역할을 하는 것은 묶기와 핀 꽂기를 들 수 있다.

① 묶기

모발을 한 번에 움켜잡았을 때 움직이지 않도록 고무 밴드나 끈 등으로 모발을 묶어 고정하는 방법으로 업스타일의 기본 토대가 되는 방법으로 스타일의 시작될 수도 있으며 마지막이 될 수도 있는 기법이다.

모발을 땋은 뒤에 묶거나 현대적 업스타일 시에도 많이 사용되는 방법으로 포니테일 같이 묶는 것만으로도 스타일이 완성될 수 있는 중요한 기법 중의 하나이다. 또한, 어느 부분을 묶느냐에 따라 강조의 위치가 달라지며 그 부위는 톱 포인트(Top point), 골든 포인트(Golden point), 네이프 포인트(Nape point)로 크게 나눌 수 있다.

② 핀 꽂기

핀 꽂기는 이미 만들어진 가닥과 가닥을 고정하는 업스타일에 있어 꼭 필요한 소재로써 중요한 역할을 한다. 핀의 사용 방법에 따라 시술자가 표현하고자 하는 이미지는 물론 시각적인 면과 선의 실루엣을 고정시킬 수 있는 이상적인 도구이며, 핀의 종류를 적절하게 선택하여 사용하는 것은 업스타일의 전체적인 흐름을 가장 안정감 있게 하는 것이다. 아래의 표에서는 핀의 종류와 사용법을 알아보았다.

[핀의 종류와 사용 방법]

핀의 종류	사용 방법
대핀	업스타일링에 있어 많은 양의 모발을 고정할 때 사용한다.
아메리카핀	가장 많이 사용하는 핀으로서 면과 면에 있어서 한 포인트를 튼튼히 고정하는데 효율적으로 사용한다.
중핀	피부에 닿는 감촉을 부드럽게 하여 무리가 없이 머리 단 속에 꼽는데 사용하는 핀으로서 실핀보다 약간 부드러운 부분에 꽂을 수가 있으나 실핀보다 고정시키는 힘이 약하다.
실핀	아메리카핀과 똑같은 모양이지만 크기가 작아서 머리숱이 적은 부분이거나 또는 머리 뒷면의 면과 면을 약간 힘 있게 고정시키거나 볼륨을 약간 죽을 때 사용한다.
네지핀	힘을 받아 고정시켜 줄 수 있는 핀으로서 머리 양을 가장 많이 잡아서 고정할 수가 있고, 특히 부풀은 머리에 핀의 형태를 구부려서 핀 자체가 빠지지 않도록 하여 머리 다발 속 깊이 꽂을 수 있는 것이 장점이다.
오니핀	벌어진 면을 연결시키거나, 면과 면을 자연스럽게 연결시키는데 사용, 유대핀보다 머리숱이 적은 부분에 사용한다.
모핀	핀 중간에 약간의 구부러진 곳들이 있어서 밑에서 꽂아도 떨어지지 않고 잘 빠지지 않도록 만들어진 핀으로써 벌어진 틈새를 눈에 띄지 않게 연결시킬 때 사용한다.
스몰핀	핀의 길이가 짧고 가늘어 소량의 모발을 고정할 때 사용한다.
U자형 대핀	모발의 간격을 부드럽게 연결하거나 모발과 모발을 고정할 때 사용한다.
U자형 소핀	가늘고 작은 형태의 소핀은 눈에 띄지 않게 모발을 고정할 때 사용한다.

3. 업스타일링 소도구 사용법

① 헤어드라이어 : 열풍, 온풍, 냉풍 등을 이용하여 모발을 말리거나, 모발의 형태 변화를 줄 때 사용한다.

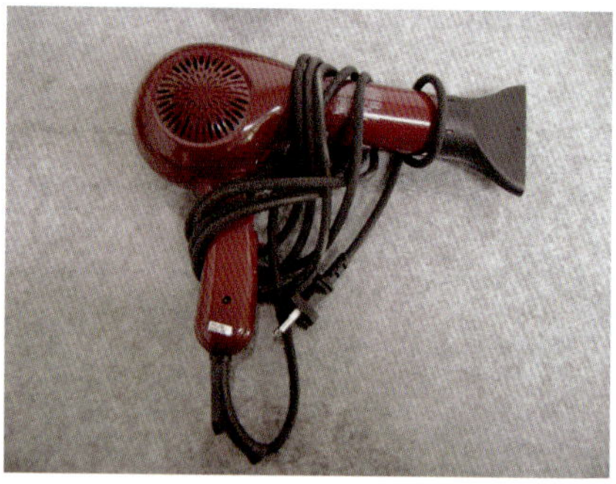

| 헤어드라이어

② 원형아이론 : 전기를 이용하여 부분 스타일링 및 전체 스타일에 용이하며 지속력이 강한 장점이 있다.

③ 매직아이론 : 사각 모양의 아이론으로 물결 모양, 매직스트레이트 등과 같은 스타일링 시 용이하다.

| 전기아이론

④ 세팅기 : 롤러의 열을 이용하여 간단하게 웨이브를 연출할 때 사용한다.

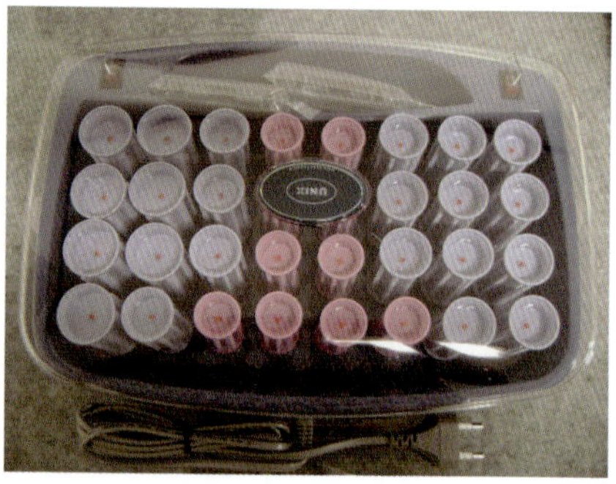

| 세팅기

⑤ 꼬리빗 : 블로킹, 파팅나누기, 슬라이스를 할 때 사용한다.

⑥ 돈모롤 브러시 : 대, 중, 소로 나누어 지며 웨이브, 스트레이트 등과 같이 스타일링 연출 시 사용한다.

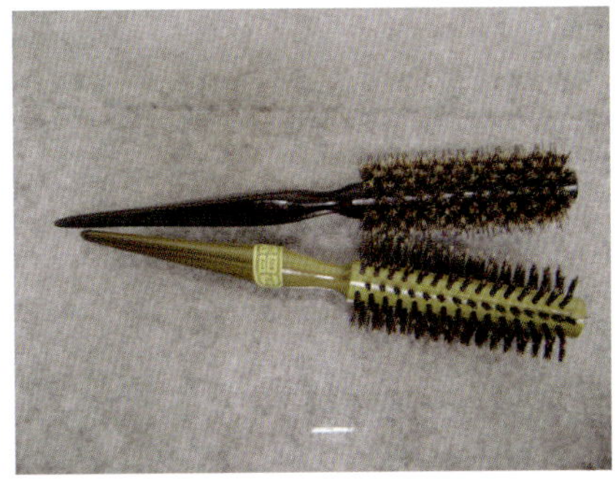

| 돈모롤

⑦ 스타일링 콤 : 완성된 스타일링을 잡아 주거나, 볼륨을 주거나, 앞머리를 세울 때 사용한다.

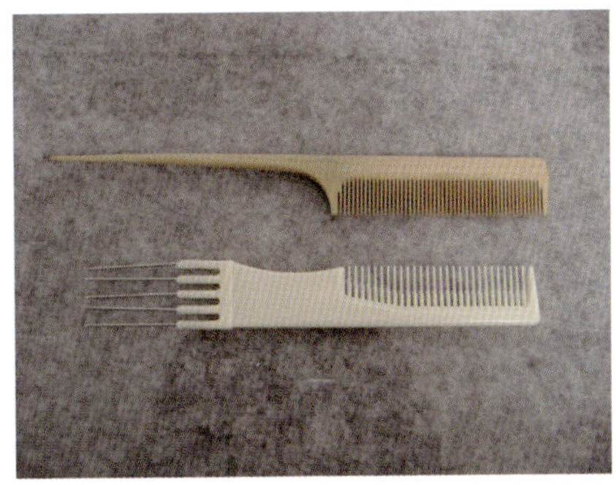

| 스타일링 콤

⑧ 피니시 브러시 : 브러시의 면의 밀도가 높아 올림머리 면을 정갈하게 빗질할 때 사용된다.

⑨ 쿠션 브러시 : 스타일링 전 · 후 모발의 전체적인 빗질을 정리할 때 사용된다.

| 피니시 브러시

⑩ 분무기 : 모발에 수분을 균일하게 분무할 때 사용된다.

⑪ 헤어클립 : 모발의 파팅을 나누어 고정할 때 사용된다.

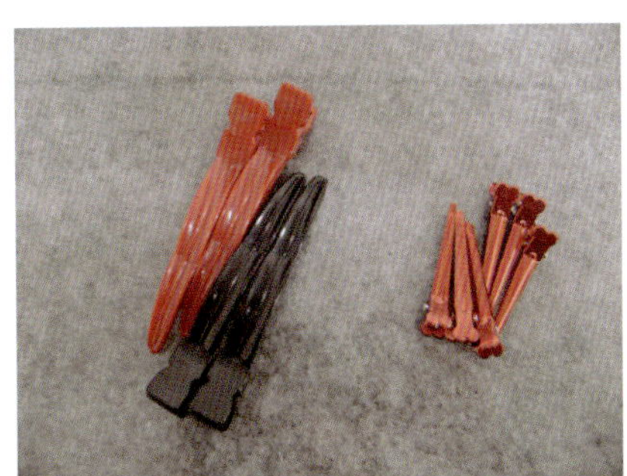

| 헤어클립

⑫ 헤어싱 : 모근에 볼륨을 주거나, 쪽머리를 할 때 헤어싱을 넣어 볼륨감을 만들 때 사용한다.

| 헤어싱

⑬ 헤어망 : 쪽머리 또는 잔머리 방지용으로 헤어망을 모발에 감아서 사용한다.

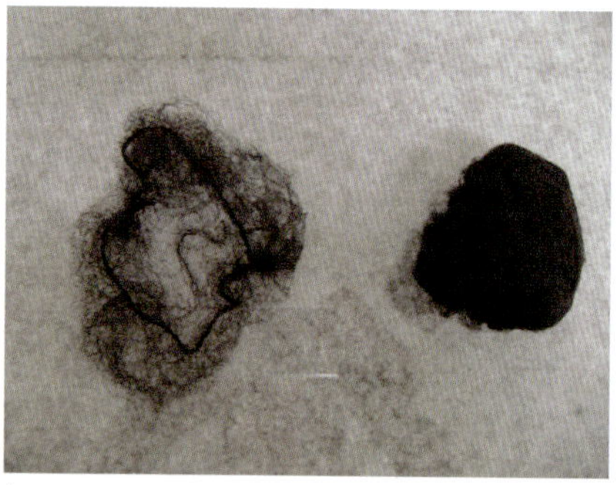

| 헤어망

⑭ 헤어 장신구 : 업스타일링 마무리용으로 포인트 액세서리로 사용한다.

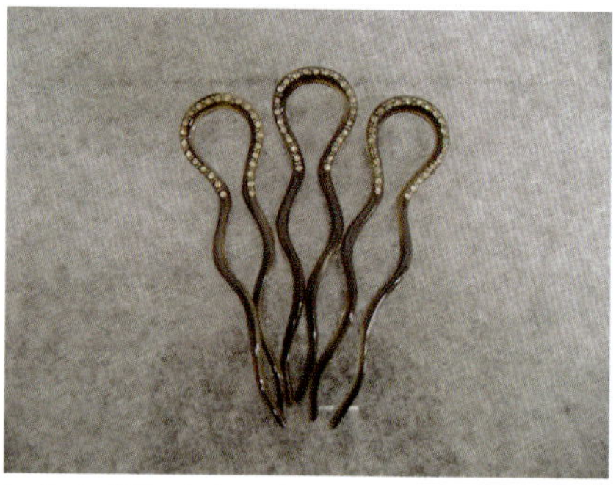

| 헤어장신구(뒤꽂이)

4. 세팅 말기

1) 세팅의 목적

① 웨이브가 없는 스트레이트 모발에 일시적인 볼륨과 웨이브를 형성한다.

② 웨이브가 있는 모발에는 네추럴한 컬을 형성한다.

③ 업스타일링의 전처리 작업으로 이용되는 세팅은 모발 질감의 흐름을 자유롭게 이용하기 위해 시술한다.

2) 세팅 컬의 종류

① 롱 스템 롤러 컬 : 모발의 스트랜드를 45° 각도로 시술자 앞쪽으로 와인딩 한다. 컬의 탄력도 및 볼륨감은 적다.

② 모발의 스트랜드를 베이스에서 90° 각도로 와인딩 한다. 볼륨은 중간 정도이고, 컬의 탄력은 크다.

③ 모발을 120° 각도로 시술자의 반대 방향으로 와인딩 한다. 컬의 탄력도는 중간 정도이다.

3) 세팅 와인딩 방법

① 꼬리빗 빗살을 이용하여 두피에 밀착시켜 두피에서 모발 끝 쪽으로 깨끗하게 빗질한다.

② 모발을 5등분으로 세팅 간격 만큼으로 블로킹을 나눈다

③ 톱포인트에서 네이프 포인트로 세팅을 말아준다.

④ 두정부, 전두부, 측두부 순서로 세팅을 말아준다.

⑤ 모발에 슬라이싱을 하고 각도를 생각하면서 세팅을 말아준다.

⑥ 세팅 핀을 꽂을 때는 핀의 자국이 생기지 않도록 두피 방향에 고정한다.

⑦ 롤에 열이 없어질 때까지 세팅을 말아둔다.

⑧ 세팅 롤을 제거한 후 스타일링 작업을 시작한다.

5. 두상의 명칭

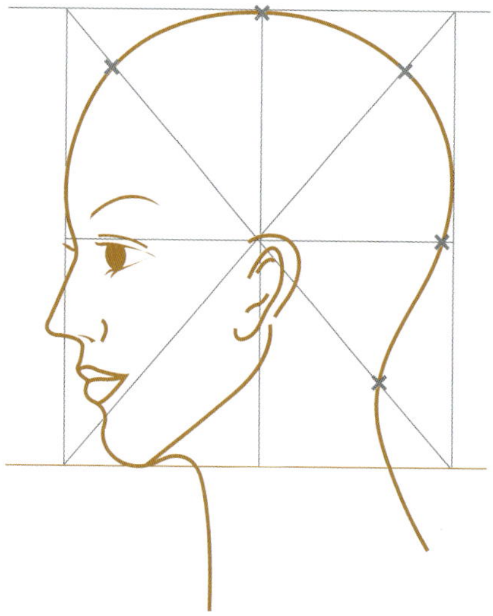

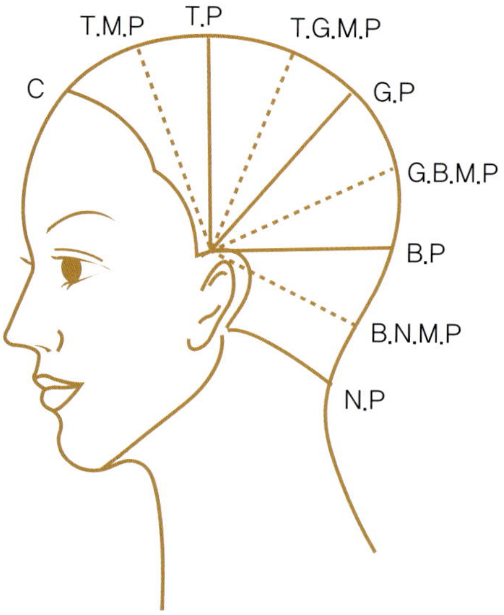

① E.P(Ear Point)

② C.P(Center Point)

③ T.P(Top Point)

④ G.P(Golden Point)

⑤ B.P(Back Point)

⑥ N.P(Nape Point)

⑦ F.S.P(Front Side Point)

⑧ S.P(Side Point)

⑨ S.C.P(Side Corner Point)

⑩ E.B.P(Ear Back Point)

⑪ N.S.P(Nape Side Point)

⑫ C.T.M.P(Center Top Medium Point)

⑬ T.G.M.P(Top Golden Medium Point)

⑭ G.B.M.P(Golden Back Medium Point)

⑮ B.N.M.P(Back Nape Medium Point)

CHAPTER

UP · STYLING

2

S컬

1

2

3

1. 세팅으로 선 작업을 하여 웨이브를 만든 후, S컬의 형태를 손으로 만지면서 만들어 준다.
2. 사이드 부분도 세팅을 자연스럽게 풀어 준다.
3. 후두부 부분 세팅을 풀면서 S컬의 형태를 만들면서 풀어 준다.

4

5

6

4. 전체적으로 세팅을 풀어 준다.
5. 세팅이 완성된 상태
6. 사이드 부분에 정확한 S컬을 만들기 위해 소짜 돈모롤을 이용하여 모근 부분에 볼륨을 넣는다.

7

8

9

7. 깨끗하게 인컬를 만들기 위해 모발선부터 드라이를 한다.

8. 안쪽으로 들어가게 인컬 작업을 한다.

9. 열을 가하면서 모근까지 드라이한다.

10

11

12

10. 롤을 풀 때는 모발이 엉키지 않도록 주의한다.

11. 모근에서 롤을 풀 때부터 하나의 C컬이 형성되도록 각도를 잡는다.

12. 잡은 각도에서 반대편으로 C컬이 형성되도록 한다.

13. 반복된 C컬이 연결되어 S컬을 만들어 준다.

14. 모발의 끝 부분의 C컬이 아래쪽으로 향하도록 밑으로 당겨준다.

15. 모발의 끝 처리를 잘해야 모발의 윤기를 살릴 수 있다.

16. 모근을 살려서 열을 가한다.

17. C컬 하나를 만든다.

18. 반대편으로 C컬을 다시 하나 만든다.

19. 끝 부분을 자연스럽게 끌어내린다.

20. 톱 부분도 동일에게 컬을 만들어 준다.

21. 자연스럽게 S컬을 만든다.

22. 전체적으로 S컬이 연결되도록 웨이브를 만든다.

23. 모근 부분에 손가락을 넣고 전체적으로 컬을 살린다.

24. 후두부에도 손가락을 넣어 모류가 풍성하도록 만들어 준다.

25. 완성된 후두부 모습

26. 사이드에도 손가락을 넣어 모류가 풍성하도록 만들어 준다.

27. 완성된 사이드 모습

CHAPTER
UP · STYLING

3 버티컬

1. 세로 섹션을 활용하여 헤어라인에서부터 모발을 감아 준다.
2. 모근부터 브러시를 감아 회전하면서 밑으로 연결한다.
3. 연결된 모발에 버티컬의 웨이브를 만들면서 풀어 준다.

4. 모발 끝은 인컬이 되도록 안으로 감으면서 풀어 준다.
5. 버티컬 웨이브는 밑에서 위쪽으로 컬을 만들면서 올라간다.
6. 쿨링 타임을 충분히 준 후에 브러시를 회전시키며 웨이브를 완성한다.

7

8

9

7. 반대쪽도 모근부터 브러시를 감아 회전하면서 웨이브를 완성한다.

8. 웨이브가 연결되도록 각도를 유지하면서 작업한다.

9. 텐션을 균일하게 하여 웨이브가 연결되도록 작업한다.

10

11

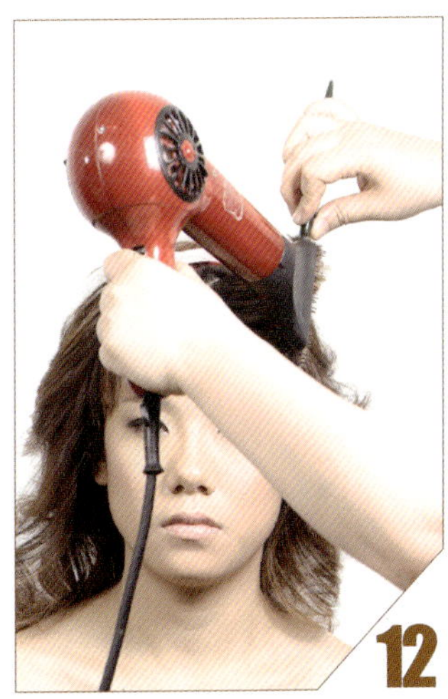

12

10. 드라이의 열과 식힘을 되풀이하여 웨이브를 만든다.

11. 헤어라인의 볼륨이 살도록 자연스럽게 웨이브를 연출한다.

12. 커트 형태를 고려하면서 웨이브를 만든다.

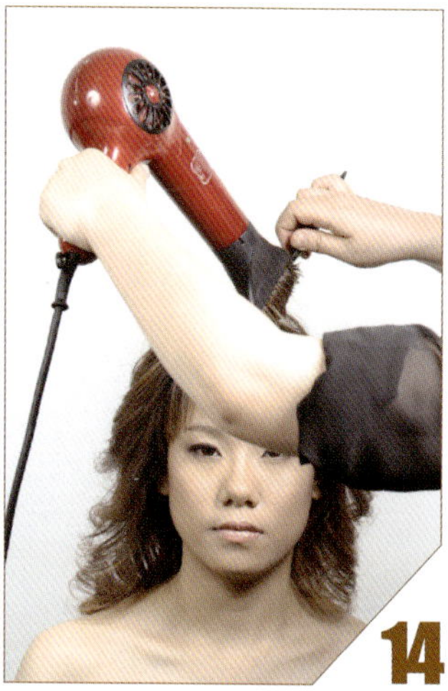

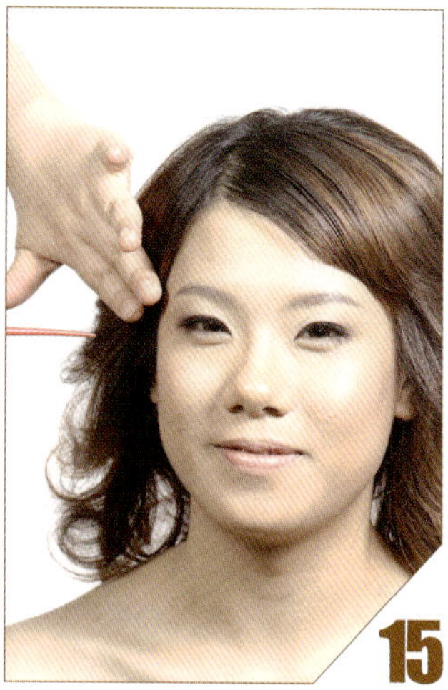

13. 앞머리 연결이 자연스러워지도록 드라이 시술을 한다.

14. 톱 부분의 모발이 흐트러지지 않도록 연결하면서 드라이한다.

15. 짧은 모발은 뜨지 않도록 볼륨을 살려서 눌러 준다.

16. 원롤과 같은 업스타일링 시술에 앞서 선 작업에 활용되는 버티컬 웨이브

17. 자연스러운 버티컬 웨이브 완성된 모습

CHAPTER
UP · STYLING

4 핀 고정하기

1. 세로 핀 꽂기

2. 가로 핀 꽂기

3. W형 핀 꽂기

1. 세로 핀 꽂기

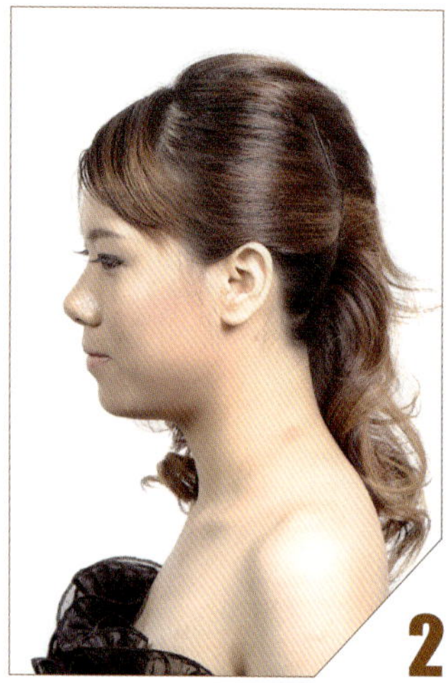

1. 모발을 깨끗하게 빗은 상태에서 한 손으로 두정부를 감싸고 한 손은 위에서부터 밑으로 세워서 꽂아 준다.
2. 위쪽에서 아래쪽으로 꽂아 주고 밑에서는 위쪽으로 꽂아 고정한다.
3. 반대쪽도 동일한 방법으로 브러싱을 하여 모류가 정갈하게 빗겨 준다.

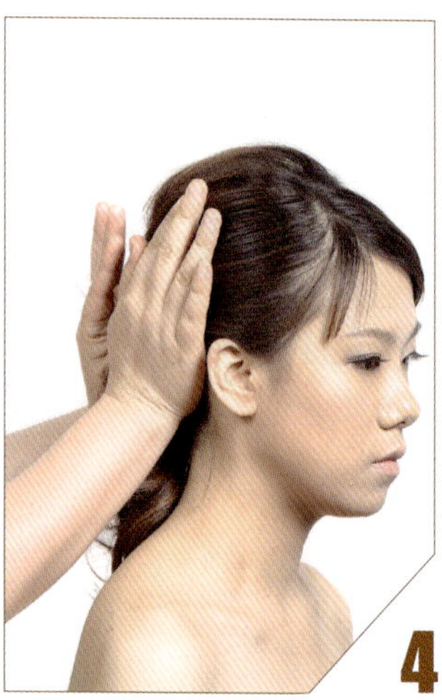

4. 빗질한 모발이 흐트러지지 않도록 고정한 다음,
5. 핀을 위에서 밑의 방향으로 꽂아 준다.
6. 동일한 방향으로 핀을 꽂다가 마지막 핀은 밑에서 위로 꽂는다.

7. 고정한 핀이 조금이라도 흔들리면 밑에서 위로 하나 더 고정하여 꽂아 준다.

2. 가로 핀 꽂기

1. 백콤은 각도를 일직선으로 텐션을 주며 꼭 잡아 준다.
2. 왼손으로 꼭 잡아주고 오른손으로 꼬리빗의 1/3정도만 넣어 준다.
3. 1/3정도 넣은 빗살에 힘을 주어 끌어내린다.

4. 이때 모근부터 꼼꼼하게 백콤이 되도록 한다.
5. 같은 방법으로 반복하여 백콤을 한다.
6. 규칙적으로 백콤을 넣어 모근에 전체적으로 볼륨이 살도록 한다.

7. 모근 중심으로 볼륨을 살려 준다.

8. 백콤을 넣어 살린 모발을 정갈하게 정리한다.

9. 뿌리 부분은 백콤이 살아 있도록 빗질한다.

10. 볼륨은 흐트러지지 않도록 하여 가로로 핀을 고정한다.

11. 가로 핀을 고정할 때는 핀과 핀 사이가 벌어지지 않도록 하면서 꽂아 준다.
처음 핀을 고정하는 곳과 마지막 고정하는 곳이 반대 방향이 되어야 한다.

12. 백콤을 이용해 톱 부분의 볼륨을 살려 가로 핀을 고정한다.

3. W형 핀 꽂기

1. W자 핀 고정 방법으로 가로 고정 방법에 비해 45˚ 정도 사선으로 핀을 고정한다.
2. 밑에 고정한 핀이 흔들리지 않도록 고정하면서 핀을 고정한다.
3. 모발에 고정력이 떨어지지 않도록 W자 핀 고정 방법을 사용한다.

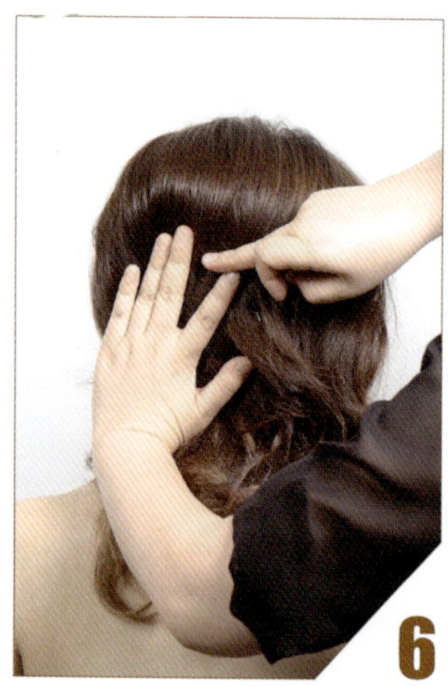

4. 1번과 동일한 방법으로 핀을 고정한다.
5. 핀을 고정할 때는 위쪽과 아래쪽 모두 흔들림이 없도록 왼손처럼 잡고 핀을 고정한다.
6. 반대로 핀을 고정한다.

7. 반복적인 방법으로 핀을 고정한다.

8. W자형으로 핀을 고정한다.

CHAPTER

UP · STYLING

5

스타일링 1

1

2

3

1. 시술 전 정면

2. 세팅을 말 때 헤어클립 자국이 생기지 않도록 두피 방향에서 클립을 고정하는 방법을 사용 한다.

3. 전체적으로 세팅 작업을 해준다.

4

5

6

4. 세팅 후 웨이브를 자연스럽게 연출한다.

5. 업스타일 시술 시 표면으로 드러나는 네이프 부분을 드라이로 정갈하게 정리한다.

6. 헤어라인도 드라이로 정갈하게 드라이한다.

7

8

9

7. 사이드라인과 후두부 쪽으로 블로킹을 나눈 후, 브이섹션으로 고정한다.
8. 네이프부터 백콤 처리한다.
9. 백콤 처리한 후 토대 밑에 싱을 고정한다.

10

11

12

10. 네이프 부분을 올림머리 브러시로 정갈하게 빗질한다.
11. 빗질 후 핀이 교차되도록 고정한다.
12. 반대쪽 네이프도 정갈하게 빗질 후, 핀을 고정한 위쪽에 고정한다.

13. 톱 부분에 이등분으로 나눈다.

14. 이등분 사이에 싱을 넣는다.

15. 싱을 모근에 고정한다.

16. 싱을 고정할 때는 오른쪽, 왼쪽으로 나누어 고정한다.

17. 싱을 넣어 볼륨감을 살린다.

18. 사이드를 2, 3등분으로 나누어 백콤 처리한다.

19. 헤어라인까지 백콤 처리한다.

20. 백콤 처리한 후 정갈하게 빗질한다.

21. 톱 포인트에 고정한 싱 밑쪽으로 핀을 고정한다.

22. 반대쪽 사이드 부분도 2, 3등분으로 나누어 백콤 처리한다.

23. 헤어라인까지 백콤 처리한다.

24. 헤어스프레이를 사이드라인에 뿌린다.

25. 사이드를 정갈하게 빗질한다.

26. 핀을 단단하게 고정한다.

27. 핀은 항상 교차되도록 고정한다.

28. 톱 부분 모량을 나눈다.

29. 나눈 모량을 백콤 처리를 한다.

30. 백콤한 모발을 이용하여 뱅(bang)을 만든다.

31. 뱅을 고정할 때는 유핀으로 뜸을 뜨듯이 핀을 고정한다.

32. 전반적으로 유핀으로 뱅을 만든다.

33. 네이프까지 정갈하게 뱅을 만든다.

34. 반대편의 모량으로 뱅을 만든다.

35. 뱅을 만들면서 핀이 보이지 않도록 고정한다.

36. 반대편도 뱅을 만들면서 핀이 보이지 않도록 고정한다.

37. 뱅을 만들 때는 딱딱한 분위기가 나지 않도록 연결한다.

38. 전발 부분을 섹션을 나눈다.

39. 전발 부분에 백콤 처리한다.

40. 모근을 중심으로 백콤 처리한다.

41. 전발의 백콤을 정리한다.

42. 전발의 형태를 잡는다.

43. 스프레이로 전발의 형태를 잡는다.

44. 스타일링콤으로 모발의 흐름을 고정시킨다.

45. 전발 형태의 흐름을 잡는다.

46. 전발의 완성된 모습

47. 완성된 사이드

48. 완성된 후두부

49

49. 완성된 모습

CHAPTER

UP · STYLING

6

스타일링 2

1. 시술 전 정면

2. 세팅 작업을 할 때 클립 자국이 남지 않도록 두피 방향에서 클립을 고정하는 방법을 사용한다.

3. 세팅 작업으로 네추럴한 웨이브를 만든다.

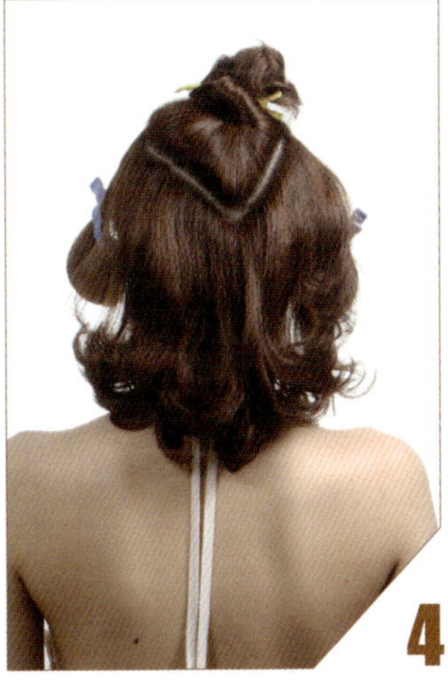

4. 후두부에 브이 토대를 설정한다.

5. 토대가 흔들리지 않도록 밴딩으로 고정한다.

6. 네이프에 남겨진 모발의 볼륨을 주기 위해 백콤 처리한다.

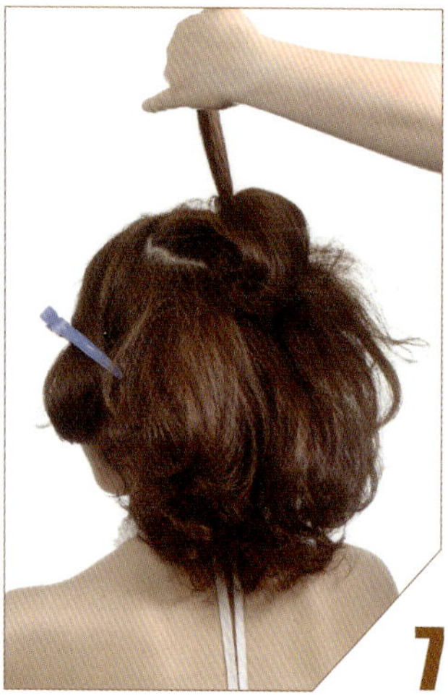

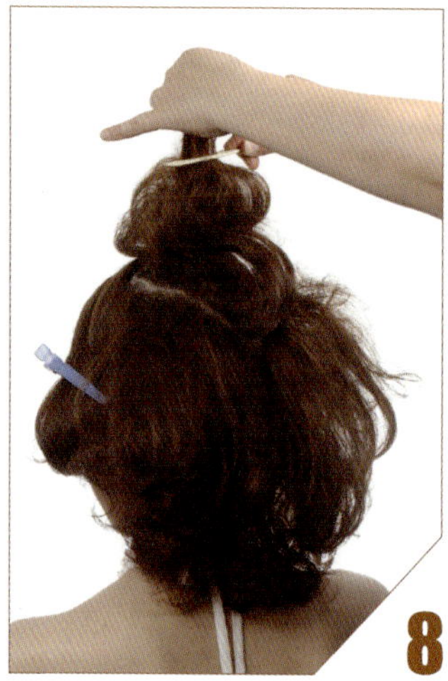

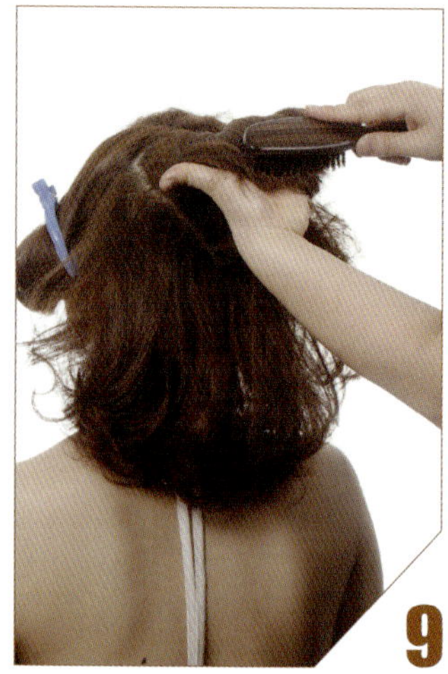

7. 남겨두었던 토대에 백콤 처리한다.

8. 볼륨감을 주기 위해 백콤을 골고루 처리한다.

9. 토대 부분의 표면을 깨끗하게 빗질한다.

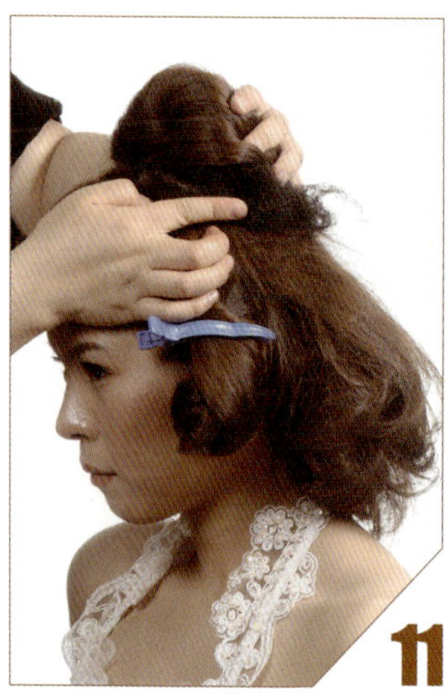

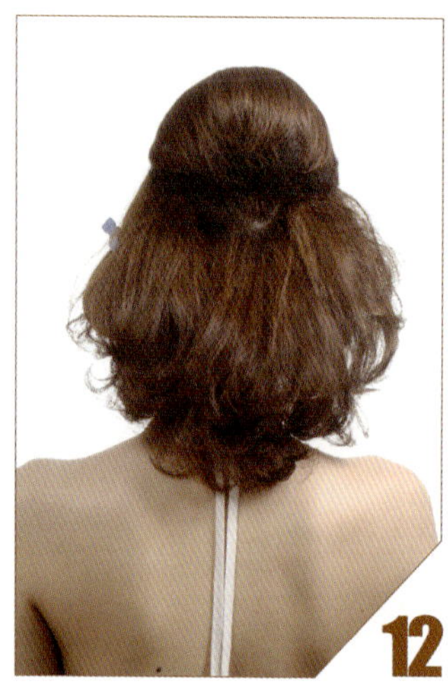

10. 원형 형태의 싱을 넣어 토대 부분에 볼륨감을 만든다.

11. 싱을 넣어 볼륨감을 살려서 토대를 안착시킬 부분의 위치를 설정하여 핀으로 고정한다.

12. 토대를 안착시킨 상태

토대를 안착시킨 후, 정갈하게 빗어 고정한다.

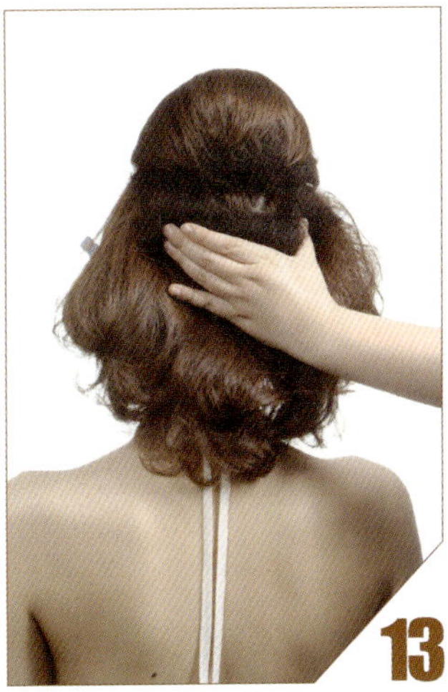

13. 토대 밑부분의 브이 섹션 위치에 싱을 넣는다.

14. 싱을 아메리카핀으로 고정한다.

15. 네이프를 투 포인트로 나누어 한쪽 면을 정갈하게 빗질한다.

16. 반대편의 면 또한 정갈하게 빗질한다.

17. 브러싱하여 고정할 때 네이프 모발이 밑으로 처지지 않도록 텐션을 주면서 당겨준다.

18. 정갈하게 올라간 위치에서 아메리카핀으로 고정한다.

19. 아메리카핀을 고정할 때는 흔들리지 않도록 위, 아래로 교차되도록 핀을 사용한다.

20. 사이드 부분도 백콤 처리를 한다.

21. 이어 포인트 모발이 늘어지지 않도록 텐션을 주면서 빗질한다.

22. 토대 방향으로 사이드 모발을 끌어 준다.

23. 사이드와 네이프 부분의 모발 질감 흐름이 연결되도록 빗질한다.

24. 모발 질감의 흐름이 흐트러지지 않도록 유핀으로 고정한다.

25. 사이드의 모량이 정갈하게 연결되도록 고정한다.

26. 반대편도 동일하게 백콤 처리한다.

27. 헤어라인까지 백콤 처리한다.

28. 사이드 부분의 표면을 정갈하게 브러시로 빗질한다.

29. 네이프의 모발 질감과 사이드의 모발 질감이 연결되도록 빗질한다.

30. 모발 질감이 흐트러지지 않도록 유핀으로 고정한다.

31. 유핀을 이용하여 전체적으로 고정한다.

32. 양사이드의 균형을 맞추면서 고정시킨다.

33. 전발 부분은 돈모롤로 모근을 살리면서 드라이한다.

34. 전발 부분의 드라이된 모발을 백콤 처리한다.

35. 백콤된 부분을 볼륨을 살리면서 사이드와 연결시킨다.

36. 모발의 흐름을 연결하기 위해 유핀으로 고정한다.

37. 유핀으로 전체적으로 고정한 상태

38. 사이드 완성된 모습

39. 후두부 완성된 모습

40. 사이드 완성된 모습

CHAPTER

UP · STYLING

7

스타일링 3

1

2

3

1. 시술 전 정면
2. 세팅 작업을 할 때 클립 자국이 남지 않도록 두피 방향에서 클립을 고정하는 방법을 사용한다.
3. 세팅 작업으로 네추럴한 웨이브를 만든다.

4

5

6

4. 밴딩으로 토대를 두 곳으로 나눈다.
5. 토대를 정하여 밴딩 처리한다.
6. 모발에 싱을 감아서 밴딩 처리한 위쪽으로 안착시킨다.

7

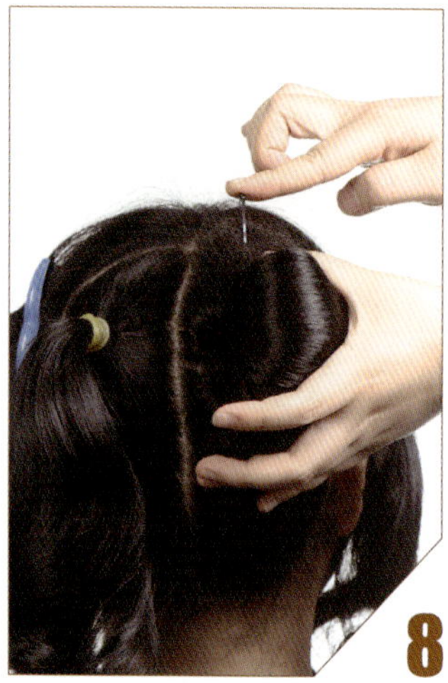

8

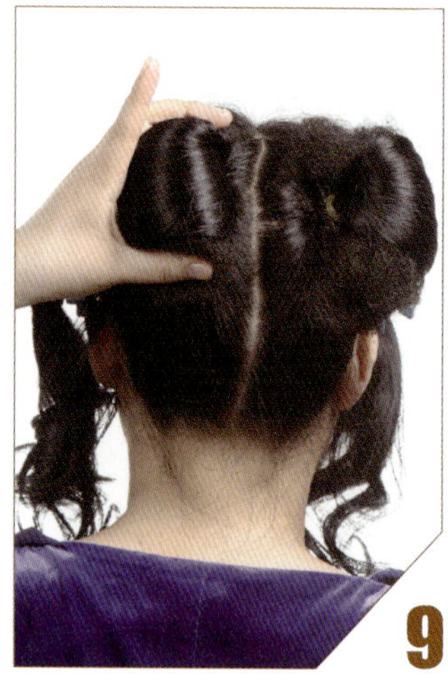

9

7. 밴딩 처리한 토대를 중심으로 시뇽을 만든다.

8. 시뇽이 흔들리지 않도록 고정한다.

9. 밴딩 처리한 토대를 중심으로 시뇽을 민든다.

10

11

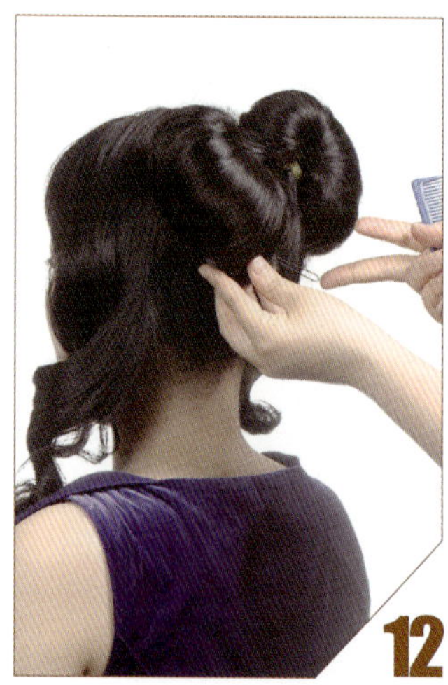

12

10. 시뇽 형태가 안정되게 안착되도록 고정한다.

11. 고정한 모량이 흔들리지 않도록 단단하게 고정시킨다.

12. 유핀으로 연결 부분을 고정시킨다.

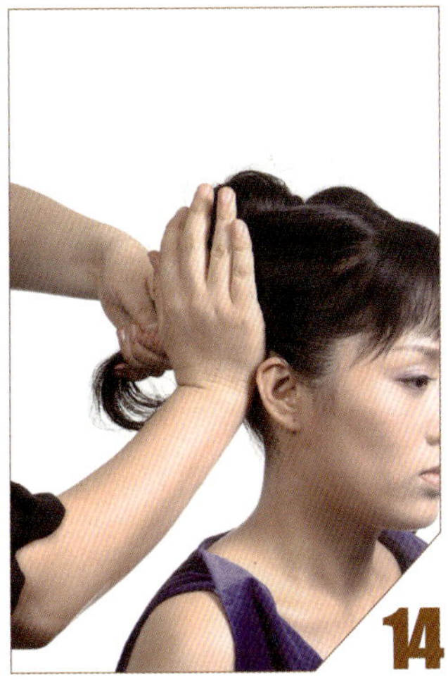

13. 사이드 모량을 토대 위쪽으로 스프레이를 뿌려 잔머리가 빠지지 않도록 고정한다.

14. 이때 왼손은 모량이 흐트러지지 않도록 텐션을 주며 잡아주고 오른손으로 마무리 작업한다.

15. 토대 위쪽으로 모량을 연결하여 아메리카 핀으로 고정한다.

16. 양쪽의 모량 위치가 동일하도록 유핀으로 고정한다.

17. 모발 질감의 흐름이 동일하도록 연결하여 핀으로 마무리 작업한다.

18. 사이드 모량이 토대에 자연스럽게 연결되도록 핀으로 고정한다.

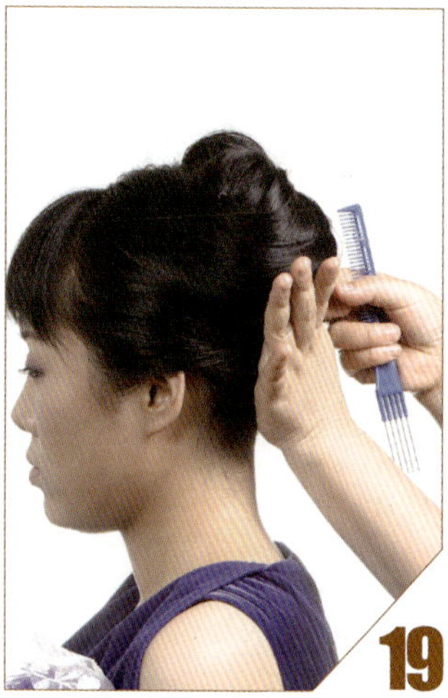

19. 이어 포인트 모량이 처지지 않도록 연결시킨다.

20. 사이드의 모발은 시뇽 안쪽에서 고정한다.

21. 전발은 이등분으로 블로킹을 나누어 드라이를 한다.

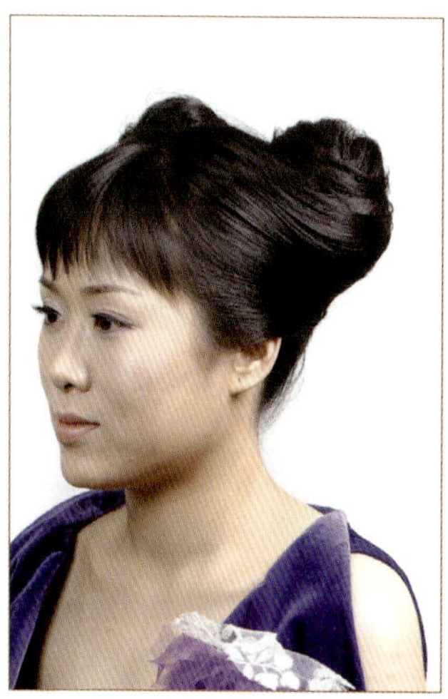

22. 완성도 앞모습

CHAPTER

UP · STYLING

8

시뇽 땋기

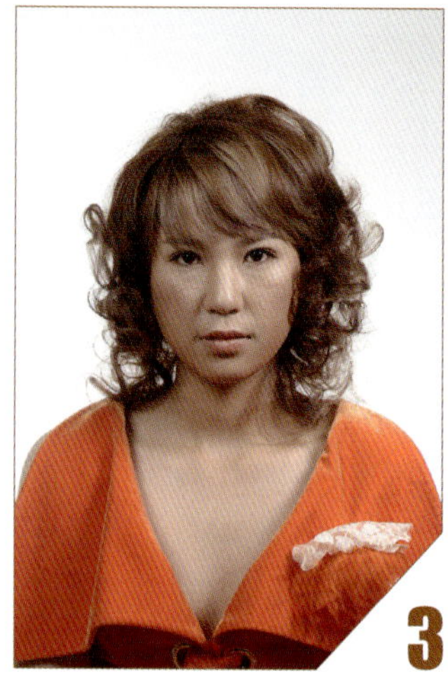

1. 시술 전 정면

2. 세팅 작업을 할 때 클립 자국이 남지 않도록 밑에서 클립을 고정하는 방법을 사용한다.

3. 세팅 작업으로 네추럴한 웨이브를 만든다.

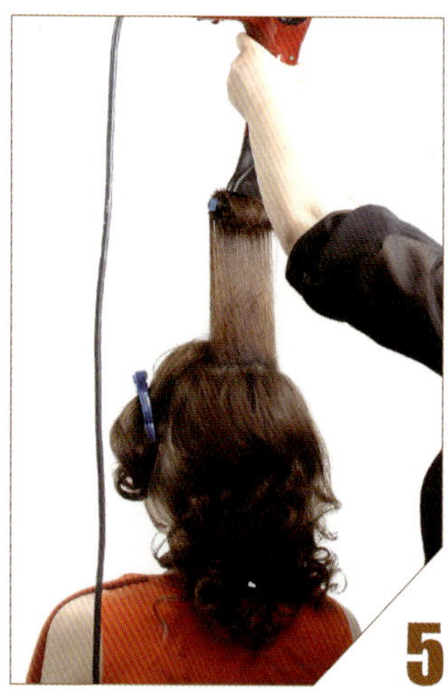

4. 클립 자국이 남지 않도록 웨이브를 만든다.

5. 세팅 후 드라이어를 이용하여 모근 부분의 뿌리를 살린다.

6. 뿌리 부분을 중심으로 볼륨을 만들어 준다.

7. 톱 부분을 중심으로 뿌리를 살린다.

8. 헤어라인도 헤어 클립 자국이 없도록 드라이로 선 작업을 한다.

9. 뿌리 부분의 볼륨을 살린다.

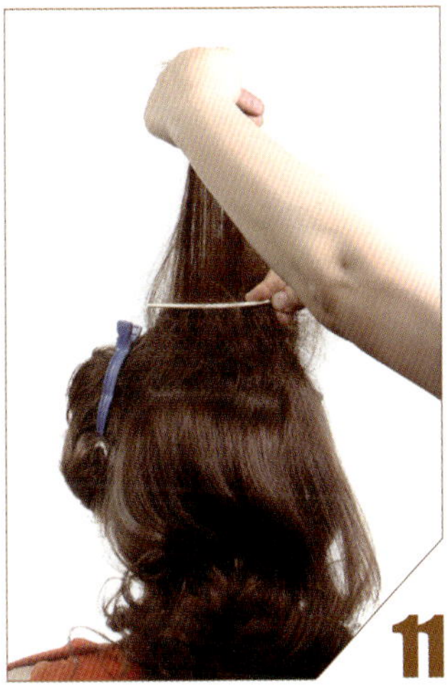

10. 뿌리를 살린 부분에 백콤 처리한다.

11. 백콤 처리 시에는 모근을 중점적으로 시술한다.

12. 전체적으로 백콤 처리를 한다.

13. 네이프까지 백콤 처리한다.

14. 백콤 처리한 부분을 정갈하게 정리한다.

15. 정리한 부분을 하나로 모아서 밴딩 처리한다.

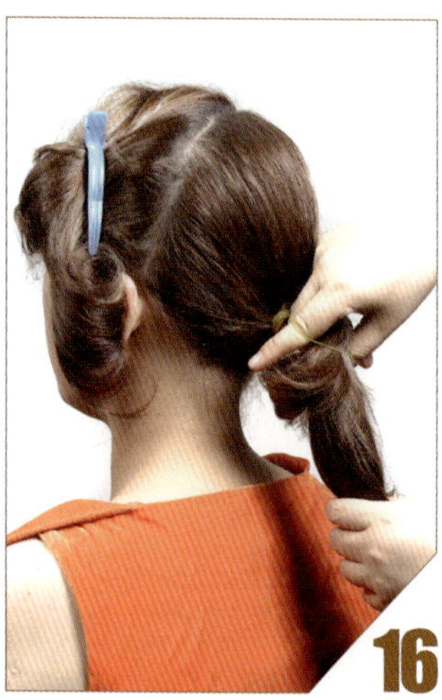

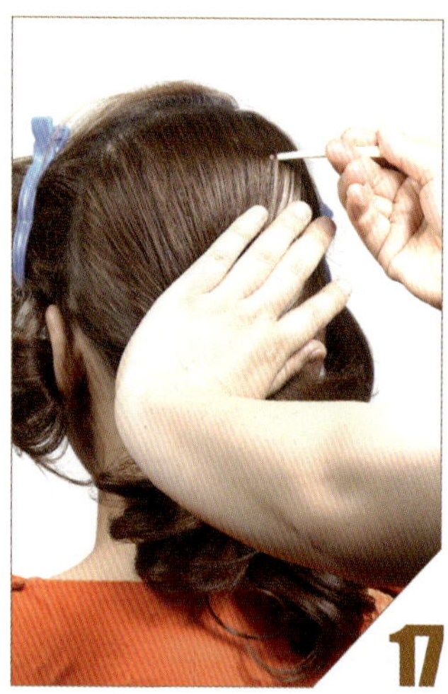

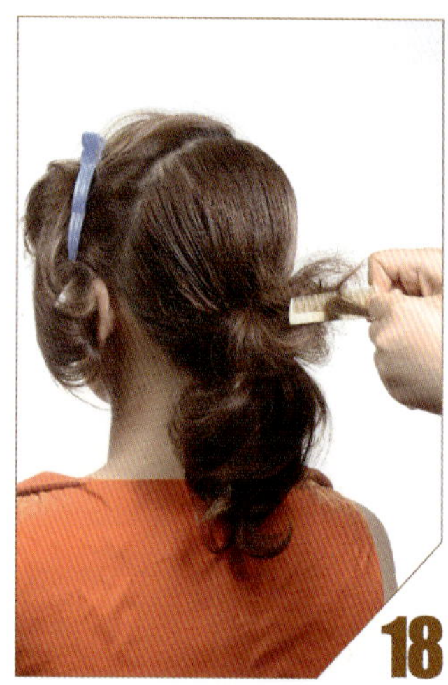

16. 토대가 흔들리지 않도록 밴딩으로 고정한다.

17. 고정한 후 백콤이 처진 부분이 있으면 다시 꼬리빗을 이용하여 살려 준다.

18. 고정한 모발을 섹션을 나누어 백콤 처리한다.

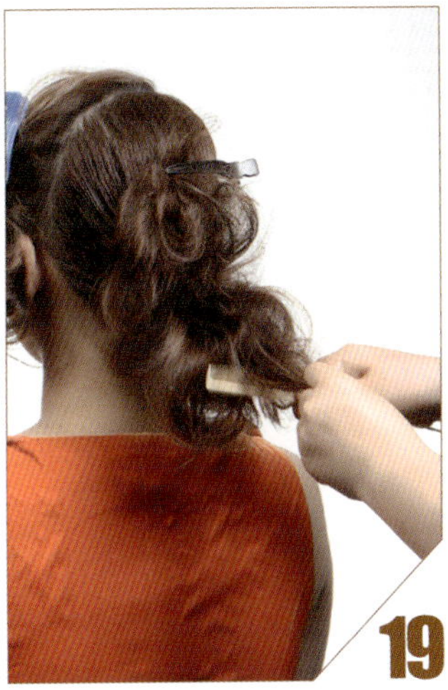

19

20

21

19. 묶은 모발을 전체적으로 백콤 처리한다.

20. 백콤 처리한 토대 밑으로 둥글게 싱을 만들어 넣어 준다.

21. 싱을 넣은 다음 네트로 모발을 정갈하게 손질하여 씌운다.

22

23

24

22. 네트로 네이프 모발을 전체적으로 볼륨을 살리면서 감싼다.

23. 네트를 하나로 정갈하게 모아서 유핀으로 고정한다.

24. 고정한 상태에서 네트를 살짝 펴 가면서 볼륨을 형성한다.

25. 또 다른 방법으로 네트를 두 겹으로 시술하여도 시뇽을 만들 때 용이하다.

26. 네트 두 겹을 펼친 상태에서 시뇽 형태를 만들어 준다.

27. 유핀으로 고정을 한다.

28. 사이드 부분은 네추럴하게 세 가닥 땋기를 한다.

29. 세 가닥으로 땋으면서 안쪽 방향은 엄지손가락으로 모량을 살짝 빼준다.

30. 같은 방법으로 세 가닥 땋기를 하는데 살짝 들어 올려 땋아 준다.

31. 안쪽으로는 엄지와 검지를 이용하여 살짝 빼면서 땋아 준다.

32. 네이프 토대까지 같은 방법으로 땋아 준다.

33. 오른쪽과 왼쪽을 동일하게 땋아 준다.

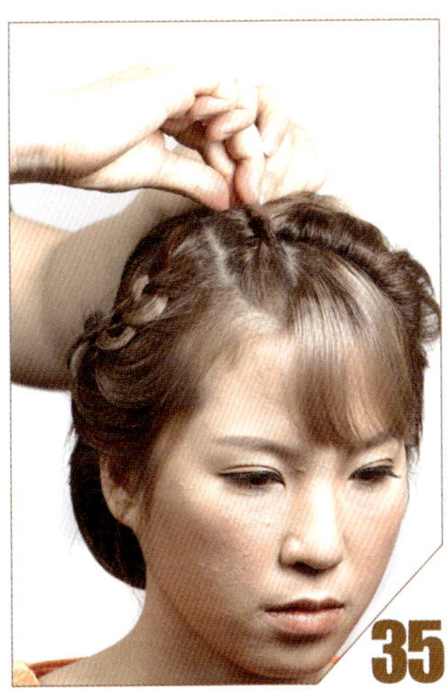

34. 전발에 모량이 많으면 무거워 보이므로 모량을 나누어 트위스트를 해준다.

35. 트위스트하고 남은 모량은 네추럴하게 내려준다.

36. 네추럴하게 내려주면서 땋아 준다.

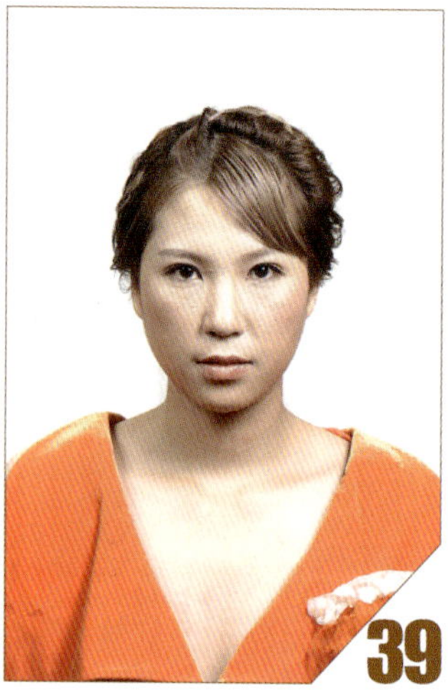

37. 땋아서 빼준 모량이 자연스럽게 연결되도록 한다.

38. 땋은 모발과 시뇽이 연결되도록 고정한다.

39. 완성된 정면 모습

40. 완성된 사이드 모습

41. 완성된 모습

CHAPTER

UP · STYLING

9 하트 땋기

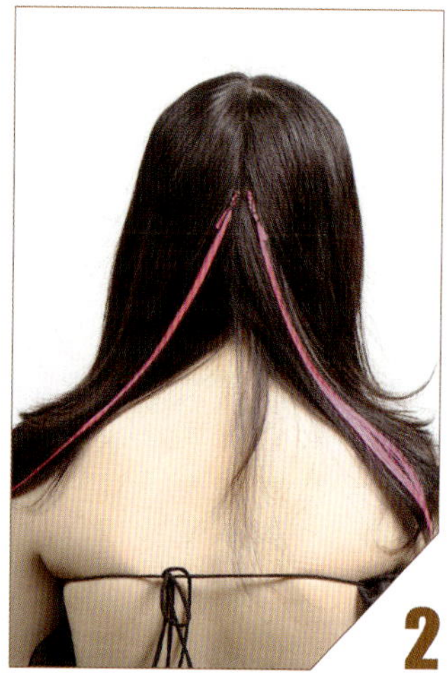

1. 시술 전 정면

2. 컬러피스를 이용하여 후두부 두 곳에 고정한다.

3. 컬러피스와 모발을 세 가닥으로 나누어 준다.

4. 두정부 쪽 모발 중심으로 끌어올려 땋아 준다.

5. 두정부에서 헤어라인에 있는 모발 중심으로 당겨서 땋아 준다.

6. 헤어라인의 모발 중심으로 땋아 준다.

7

8

9

7. 이어 포인트에서 네이프까지 연결되도록 땋아 준다.

8. 땋은 모발은 백콤으로 마무리 작업을 한다.

9. 오른쪽도 왼쪽과 동일하게 헤어라인 모발을 당겨 가면서 작업한다.

10

11

12

10. 컬러피스와 모발을 세 가닥으로 나누어 땋아 준다.

11. 헤어라인의 모발 중심으로 땋아 준다.

12. 땋은 모발은 백콤으로 마무리 작업을 한다.

13. 양쪽으로 땋은 모발을 합쳐서 묶어 준다.

14. 묶은 모발을 집게핀으로 고정하여 하트 땋기를 만든다.

15. 하트 땋기의 옆모습

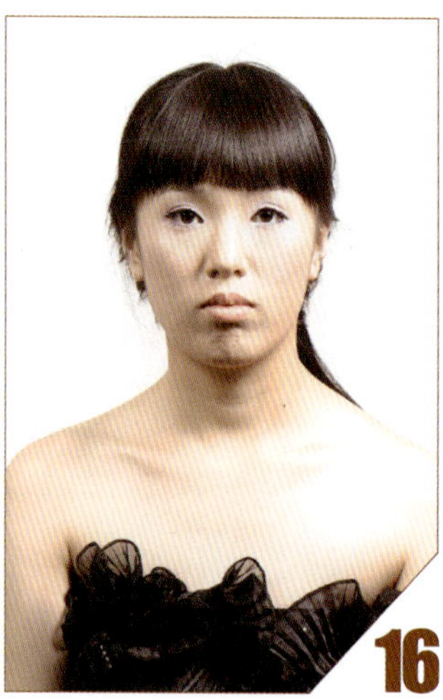

16. 하트 땋기의 앞모습

17. 하트 땋기 완성된 모습

CHAPTER
UP · STYLING

10 네추럴 땋기 1

1

2

3

1. 시술 전 정면
2. 전두부에 삼각 토대를 잡고 삼등분으로 모량을 나눈다.
3. 삼등분으로 나눈 모발을 세 가닥 땋기로 이어 포인트까지 땋아 준다.

4

5

6

4. 이어 포인트부터 오른쪽 모발을 오른쪽으로 잡아서 당기면서 땋아 준다.
5. 이어 포인트까지 오른쪽으로만 네추럴하게 빼준다.
6. 네이프부터는 양쪽 방향의 모발을 양쪽으로 당겨서 빼준다.

7. 양쪽으로 빼준 모발에 중심선은 흔들리지 않도록 땋아 준다.

8. 마지막까지 땋은 모발은 백콤 처리로 마무리한다.

9. 오른쪽 방향도 삼각 토대에서 세 가닥 땋기를 시작한다.

10. 삼등분으로 나눈 모발을 세 가닥 땋기로 이어 포인트까지 땋아 준다.

11. 이어 포인트부터 왼쪽 모발을 왼쪽으로 잡아서 당기면서 땋아 준다.

12. 이어 포인트까지 왼쪽으로만 네추럴하게 빼준다.

13. 헤어라인을 전체적으로 네추럴하게 땋아 준다.

14. 땋은 모발은 중간에서 합쳐 준다.

15. 합친 모발은 유핀으로 먼저 고정을 한다.

16. 네이프에서 왼쪽 모발을 네추럴하게 땋아 준다.

17. 양쪽으로 네추럴하게 땋은 모발의 끝은 백콤으로 마무리한다.

18. 오른쪽에 남아 있는 모발을 세 가닥으로 나누어 네추럴 땋기를 한다.

19. 양쪽으로 모발이 연결될 수 있도록 네추럴하게 빼주면서 땋는다.

20. 땋아 줄 때 모발이 균일하도록 조절하면서 네추럴 땋기를 한다.

21. 네추럴 땋기를 백콤으로 마무리한다.

22. 완성된 사이드 모습

1. 인컬 형태의 앞머리

1

2

1. 앞머리는 네추럴하게 드라이로 자연스럽게 연출한 모습
2. 인컬 형태의 앞머리와 네추럴 땋기를 연결한 모습

2. 네추럴 땋기 앞머리 형태

1

2

3

1. 앞머리는 네추럴 땋기와 동일하게 세 가닥으로 나누어 땋아 준다.
2. 땋은 모발은 얼굴형에 맞추어 네추럴하게 연결한다.
3. 앞머리는 헤어라인 모발과 연결되도록 마무리한다.

CHAPTER 11

UP · STYLING

네추럴 땋기 2

1. 전체적으로 세팅 작업으로 선 작업을 한다.

2. 웨이브가 자연스럽게 연출되도록 세팅 작업을 마무리한다.

3. 전발에 삼각 토대로 세 가닥을 나눈다.

4. 세 가닥 땋기를 이용하여 땋아 준다.

5. 헤어라인을 당겨주면서 세 가닥이 흔들리지 않도록 땋아 준다.

6. 각도는 45° 들어서 헤어라인의 모발만 당겨서 땋아 준다.

7. 세 가닥이 흔들리지 않도록 정갈하게 땋아 준다.

8. 마지막까지 땋아 백콤으로 마무리한다.

9. 오른쪽도 삼각 토대로 삼등분으로 나눈다.

10. 세 가닥으로 헤어라인를 당겨서 땋아 준다.

11. 네추럴하게 안쪽 모발을 빼주면서 작업한다.

12. 네추럴하게 땋은 모발이 흐트러지지 않도록 백콤으로 마무리한다.

13

14

15

13. 양쪽 모발을 모아서 집게핀으로 고정한다.

14. 네이프 모발에 백콤 처리를 하여 웨이브를 살려 준다.

15. 땋은 모발과 웨이브를 연결한다.

16

17

18

16. 땋은 모발 속에 심을 넣어 볼륨감을 만든다.

17. 심을 펼쳐서 땋은 모발이 흐트러지지 않도록 고정한다.

18. 네추럴 땋기 완성된 모습

CHAPTER

UP · STYLING

12

네추럴 스타일링

1. 시술 전 정면

2. 각도를 수직으로 세워서 빗질을 깨끗하게 빗겨 준다.

3. 모발이 꺾이지 않도록 말아 준다.

4. 텐션을 주면서 말아 클립 자국이 생기지 않도록 모근에서 고정한다.

5. 동일한 방법으로 네이프까지 말아 준다.

6. 텐션을 주면서 모근까지 말아 준다.

7. 사이드 부분은 세로 말기로 세팅 작업을 한다.

8. 사이드 부분도 클립 자국이 생기지 않도록 모근에서 고정한다.

9. 반대쪽 사이드 또한 백으로 세로 말기 작업을 한다.

10. 세팅 작업 후, 웨이브를 네추럴하게 빗겨 준다.

11. 톱부터 백콤 처리한다.

12. 전체적으로 볼륨이 살 수 있도록 백콤 처리한다.

13. 모발의 1/3정도의 모량에 백콤 처리한다.

14. 네이프까지 꼼꼼하게 백콤 처리한다.

15. 후두부 중심으로 백콤을 넣어 준다.

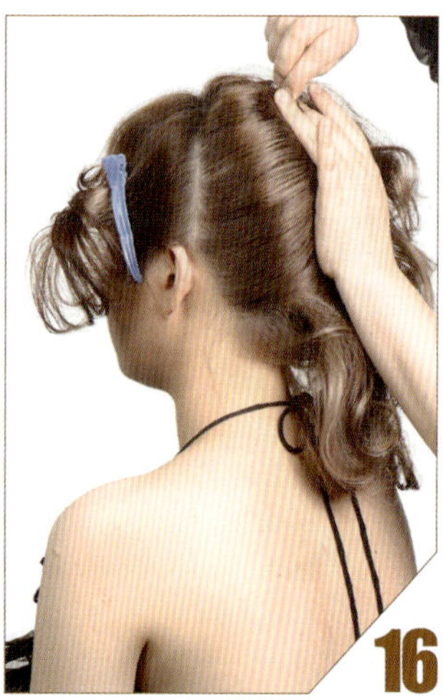

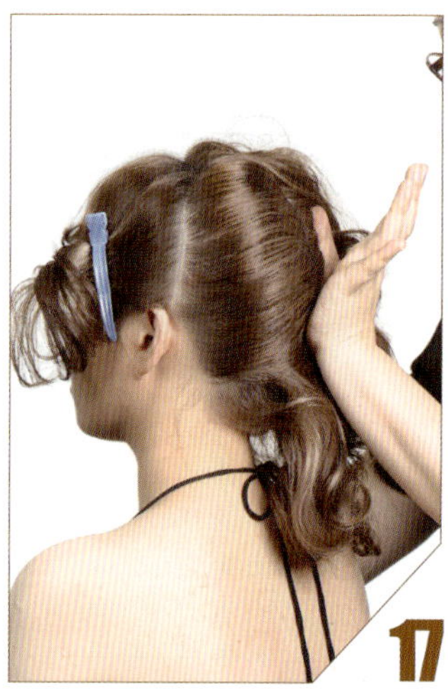

16. 백콤이 보이지 않도록 볼륨감만 남기고 빗질을 정갈하게 하여 톱부터 아래쪽으로 핀을 고정한다.

17. 왼손으로 두정부를 잡아 주면서, 오른손으로 핀을 세로 꽂기로 고정한다.

18. 핀이 흔들리지 않도록 단단하게 고정한다.

19. 네이프 부분이 처지지 않도록 밑에서 위쪽으로 핀을 다시 고정한다.

20. 톱 부분은 스프레이 작업을 하면서 백콤 처리한다.

21. 1/3가량 모발에 백콤 처리한다.

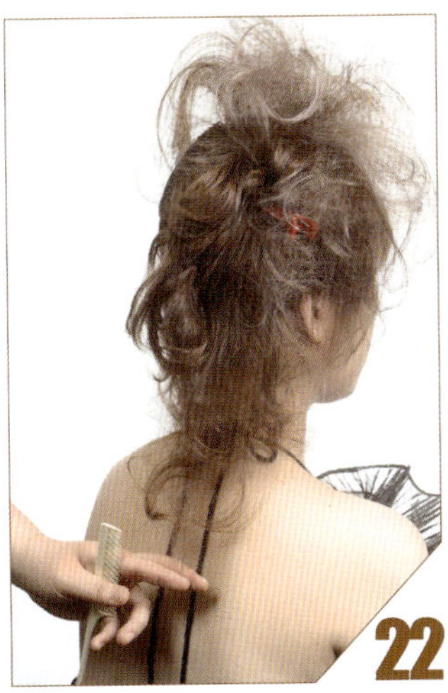

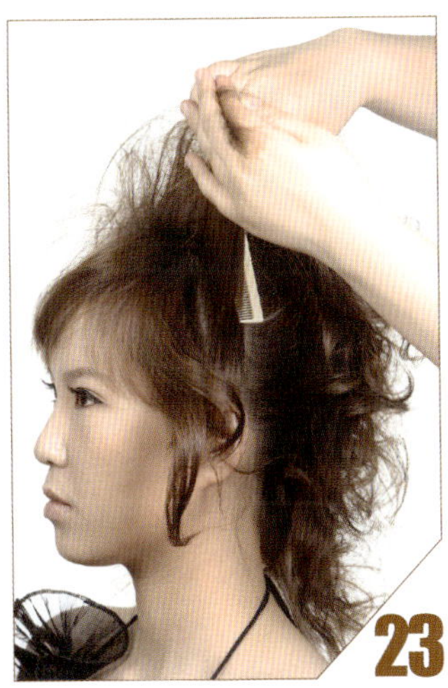

22. 전체적으로 백콤 처리한다.

23. 사이드 또한 가로 섹션으로 백콤 처리한다.

24. 모발을 앞쪽으로 당겨서 백콤 처리한다.

25

26

27

25. 세로 꽂기로 핀을 고정한다.

26. 사이드 모량을 네이프와 연결한다.

27. 전발은 자연스럽게 연결시킨다.

28

29

30

28. 모발 질감이 흐트러지지 않도록 빗질한다.

29. 컬이 흐트러지지 않도록 스프레이로 마무리 작업을 한다.

30. 완성된 앞모습

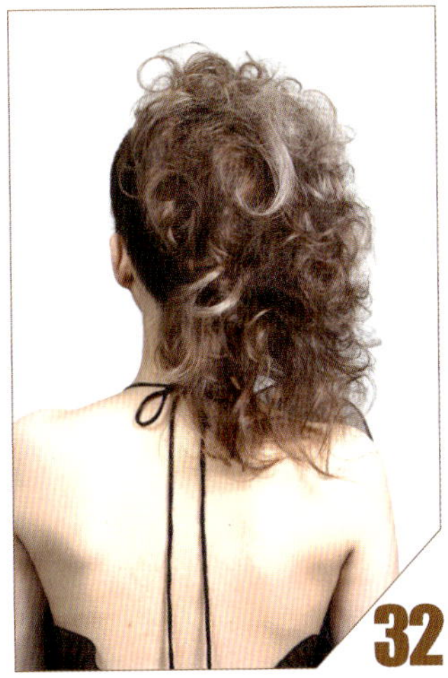

31. 옆모습

32. 뒷모습

CHAPTER

UP · STYLING

13

웨이브 스타일링 1

1. 시술 전 정면

2. 각도를 수직으로 세워서 빗질을 깨끗하게 빗겨 준다.

3. 모발이 꺾이지 않도록 말아 준다.

4. 텐션을 주면서 말아 클립 자국이 생기지 않도록 밑에서 고정한다.

5. 동일한 방법으로 네이프까지 말아 준다.

6. 텐션을 주면서 모근까지 말아 준다.

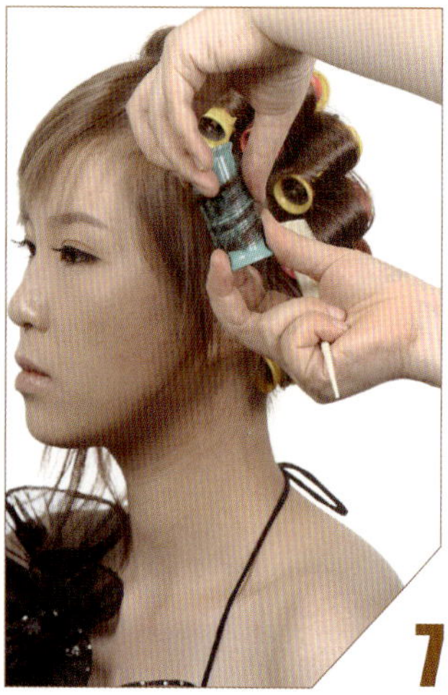
7

8

9

7. 사이드 부분은 세로 말기로 세팅 작업을 한다.

8. 사이드 부분도 클립 자국이 생기지 않도록 밑에서 고정한다.

9. 반대쪽 사이드 또한 백으로 세로 말기 작업을 한다.

10

11

12

10. 세팅 작업 후, 웨이브를 네추럴하게 빗겨 준다.

11. 톱부터 백콤 처리한다.

12. 전체적으로 볼륨이 살 수 있도록 백콤 처리한다.

13

14

15

13. 네이프을 중심으로 백콤 처리한다.

14. 이어 포인트까지 백콤 처리한다.

15. 이어 포인트에서부터 네이프까지 정갈하게 빗질한다.

16

17

18

16. 모발을 한 바퀴 턴한 상태에서 핀으로 고정한다.

17. 모발이 흔들리지 않도록 밑에서 위로 핀을 고정한다.

18. 웨이브를 자연스럽게 연결한다.

19. 연결된 컬을 유핀으로 고정한다.

20. 전발과 사이드 웨이브가 연결되도록 고정한다.

21. 완성된 앞모습

22. 완성된 옆모습

23. 뒷모습

CHAPTER

UP · STYLING

14 원 롤 스타일링

1

2

3

1. 시술 전 정면

2. 각도를 수직으로 세워서 빗질을 깨끗하게 빗겨 준다.

3. 모발이 꺾이지 않도록 말아 준다.

4

5

6

4. 텐션을 주면서 말아 클립 자국이 생기지 않도록 밑에서 고정한다.

5. 동일한 방법으로 네이프까지 말아 준다.

6. 텐션을 주면서 모근까지 말아 준다.

7. 사이드 부분은 세로 말기로 세팅 작업을 한다.

8. 사이드 부분도 클립 자국이 생기지 않도록 밑에서 고정한다.

9. 반대쪽 사이드 또한 백으로 세로 말기 작업을 한다.

10. 세팅 작업 후, 웨이브를 네추럴하게 빗겨 준다.

11. 톱부터 백콤 처리한다.

12. 전체적으로 볼륨이 살 수 있도록 백콤 처리한다.

13

14

15

13. 핀이 흔들리지 않도록 단단하게 세로 꽂기로 고정한다.

14. 세로 꽂기를 한 후 남은 모발을 전체적으로 웨이브를 정갈하게 빗질한다.

15. 빗질한 안쪽으로 싱을 넣어 고정한디.

16

17

18

16. 싱을 중심적으로 빗질을 정갈하게 한다.

17. 빗질의 흐름이 연결되도록 핀을 고정한다.

18. 후두부를 정갈하게 빗질한다.

19. 완성된 후두부 사진

20. 전발도 후두부와 연결되도록 빗질한다.

21. 완성된 사진

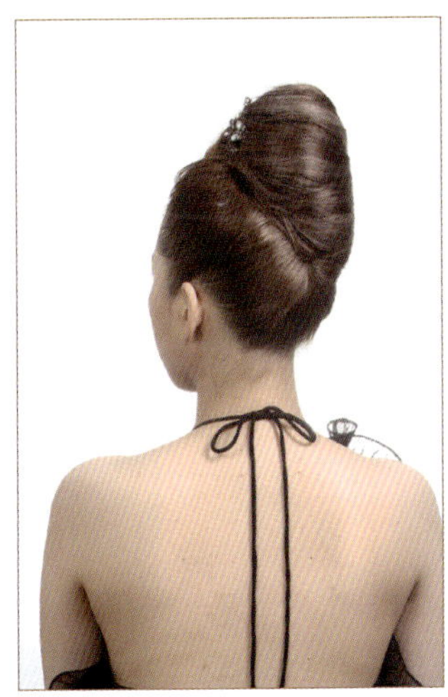

CHAPTER
UP · STYLING

15

웨이브 스타일링 2

1. 전체적으로 자연스럽게 세팅 작업을 마무리한다.
2. 전두부부터 백콤 작업을 한다.
3. 후두부에 백콤을 한다.

4. 헤어라인도 백콤을 넣어 준다.
5. 반대쪽 헤어라인도 모근을 중심으로 백콤을 넣어 준다.
6. 전체적으로 백콤을 넣어 볼륨감을 살린다.

7

8

9

7. 살린 볼륨감의 균형을 잡는다.

8. 헤어라인을 중심으로 볼륨을 살려가면서 핀으로 고정한다.

9. 사이드의 볼륨감을 살리면서 핀을 고정한다.

10

11

12

10. 일률적으로 볼륨이 살도록 핀을 고정한다.

11. 사이드와 전두부의 볼륨이 연결되도록 핀을 고정한다.

12. 핀을 고정한 곳 위쪽에 헤어 싱의 위치를 잡는다.

13. 헤어싱의 위치를 잡으면 싱이 흔들리지 않도록 고정한다.
14. 싱을 고정할 때는 오른쪽과 왼쪽에 핀으로 고정한다.
15. 싱을 고정 후, 웨이브 모발에 백콤을 넣어 싱을 가려 준다.

16. 웨이브 모발을 싱 위쪽에 올려서 볼륨감을 살려 준다.
17. 백콤을 넣어 전체적으로 볼륨감을 살려 준다.
18. 볼륨감을 살린 웨이브 모발을 전체적으로 유핀으로 고정한다.

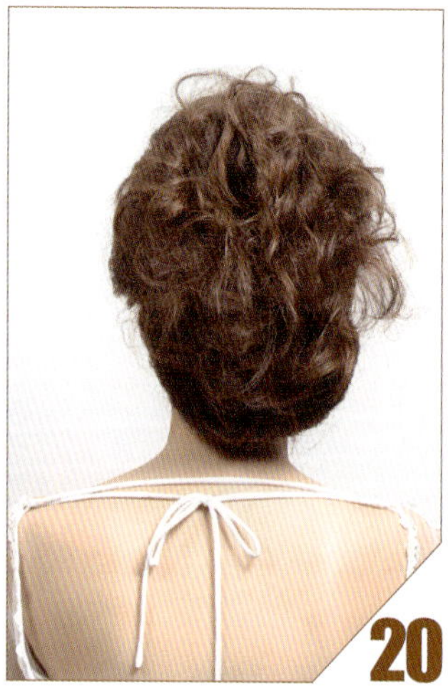

19. 전체적으로 웨이브를 이용하여 형태를 만들어 준다.

20. 후두부도 전체적으로 볼륨감이 살도록 만들어 준다.

21. 웨이브 모발이 네이프 쪽도 연결되도록 핀으로 고정한다.

22. 웨이브 스타일링이 완성된 모습

23. 완성된 상태에서 장신구로 포인트를 준다.

24. 완성된 모습

INDEX

UP · STYLING